记忆宫殿与思维导图

与

思维导图

从入门到精通

石伟华——著

中国纺织出版社有限公司

内 容 提 要

思维导图是拓展思维、整理思路的工具，而记忆宫殿是扩大记忆容量，加快记忆速度的工具。本书用思维导图来教你学习记忆宫殿，让你一边学、一边用，在实践中领会这两种学习工具的强大能力。

法无定法，唯有深耕实践直到融会贯通，你才能真正领会到使用"工具"的分寸，进而在学习中更进一步。但是在这一过程中，一个好的导师，一本细细剖析的书籍，都能够省却你许多走弯路的时间。本书作者石伟华在记忆力培训领域耕耘多年，出版多本记忆力提升、思维导图训练的专著。如今，他将这两套工具集合于一本书，希望能给在学习中遇上迷惑的读者一些帮助。

图书在版编目（CIP）数据

记忆宫殿与思维导图：从入门到精通／石伟华著. --北京：中国纺织出版社有限公司，2022.9
ISBN 978-7-5180-9610-7

Ⅰ．①记… Ⅱ．①石… Ⅲ．①记忆术—通俗读物 Ⅳ．①B842.3-49

中国版本图书馆CIP数据核字（2022）第102003号

责任编辑：郝珊珊　　责任校对：高 涵　　责任印制：储志伟

中国纺织出版社有限公司出版发行
地址：北京市朝阳区百子湾东里A407号楼　邮政编码：100124
销售电话：010—67004422　传真：010—87155801
http://www.c-textilep.com
中国纺织出版社天猫旗舰店
官方微博 http://weibo.com/2119887771
鸿博睿特（天津）印刷科技有限公司　各地新华书店经销
2022年9月第1版第1次印刷
开本：710×1000 1/16　印张：15
字数：224千字　定价：55.00元

凡购本书，如有缺页、倒页、脱页，由本社图书营销中心调换

本书阅读指南

千里之行，始于足下，但选对方向比行动更重要。所以，在开始阅读本书之前，读者要清晰地知道自己希望通过读这本书学会什么，达到什么目的。

对于记忆宫殿知识体系的学习，不同的人的目的大不相同。请各位看官先对号入座，找到自己的身份标签，然后选择对应的阅读方案，才会有的放矢。

标签A：希望参加专业竞技比赛，成为记忆大师。您应重点学习本书第二章、第三章、第四章第一节。

标签B：希望能够掌握好的方法，应对学习和考试。您应重点学习第二章、第四章第三节、第五章。

标签C：希望能够通过记忆宫殿，熟记四书五经。您应重点学习第二章、第四章第三节及第四节。

标签D：希望能全面系统地学习，成为记忆讲师。您应全篇学习，全面了解知识框架，掌握理论体系。

标签E：希望能了解和体验学习，纯属兴趣爱好。您应快速阅读，全面了解，挑自己感兴趣的部分训练。

如果您在阅读方面非常没有耐心，建议跳过第一章的内容，直接从第二章开始阅读，体验感会更好。

另外，建议大家在正式阅读之前，先花几分钟时间认真阅读本书的目录，在大脑中形成一个感性的知识框架，再用十几分钟时间把整本书快速地翻一遍，大概了解整本书会涉及哪些内容。完成上面的两个步骤之后，再开始认真地阅读，效果更佳。

赶快一起来开启一段新的阅读征程吧！祝您阅读愉快！

鱼和熊掌能否兼得？

记忆宫殿是一种记忆方法，思维导图是一种思维工具。如果能把两者合二为一，必能成为学习之利器。于是我尝试写一本书，把记忆宫殿的记忆方法和思维导图的思维模式融合到一起。

目前国内比较流行的记忆类综艺节目上，选手们表演的各类与记忆相关的绝技、绝活均以记忆宫殿技术为基础。业界最权威的"世界脑力锦标赛"的参赛选手也均采用的是记忆宫殿这种记忆方法。我们不得不承认，在面对信息量大、信息相似度高并且要求短时间内完成精准记忆的挑战时，目前能够胜任的也唯有记忆宫殿的方法了。

但记忆宫殿的方法却是一套非常复杂的技术体系。其中既涉及一些枯燥的基础理论知识，又包含大量落地实操的应用技术，更需要心态的调整能力和临场的经验积累。很多人在学习记忆宫殿的过程中，因为涉及的知识点太多，学到一定程度就感觉自己的智商不够用了，特别在实际应用阶段，总感觉理不清知识点之间的逻辑关系。这也是很多人学习记忆宫殿半途而废的最主要的原因。

那么，能不能用思维导图的模式来学习记忆宫殿技术呢？

思维导图是一种思维工具。其主要的功能是当大脑在处理一些复杂问题时，帮大脑明确方向、把握大局、理清关系。所以我想，如果在学习记忆宫殿技术之前先用思维导图把记忆宫殿的知识体系梳理清晰，让大家先对记忆宫殿的理论体系框架有个清晰的把握，之后再通过思维导图对每个知识点和技术核心进行整理和归纳，使每个环节都有清晰的框架，并且在每个环节完成之后，再通过思维导图进行归纳和总结，那么大家对记忆宫殿肯定能掌握得更加扎实、牢固。

因此，在本书中我努力把这两项技术更好地结合起来，让每个人都能真正掌握一套（其实是两套）高效学习的方法。

　　希望这种尝试，能让大家鱼和熊掌兼得。

2021.11.11

第四章 应用篇 —————————————— **127**

第五章　导图篇 —————————————— 189

记忆宫殿与思维导图：从入门到精通

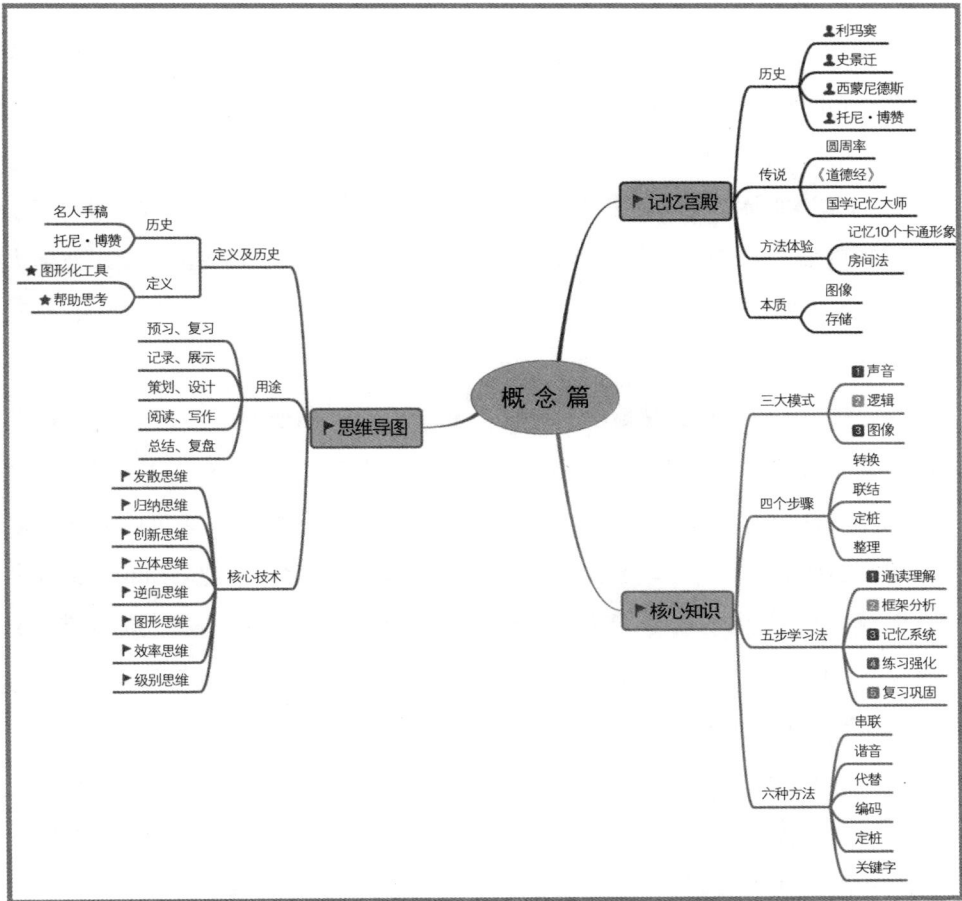

- 记忆宫殿
  - 历史
    - 利玛窦
    - 史景迁
    - 西蒙尼德斯
    - 托尼·博赞
  - 传说
    - 圆周率
    - 《道德经》
    - 国学记忆大师
  - 方法体验
    - 记忆10个卡通形象
    - 房间法
  - 本质
    - 图像
    - 存储

- 思维导图
  - 定义及历史
    - 历史
      - 名人手稿
      - 托尼·博赞
    - 定义
      - ★图形化工具
      - ★帮助思考
  - 用途
    - 预习、复习
    - 记录、展示
    - 策划、设计
    - 阅读、写作
    - 总结、复盘
  - 核心技术
    - ▶发散思维
    - ▶归纳思维
    - ▶创新思维
    - ▶立体思维
    - ▶逆向思维
    - ▶图形思维
    - ▶效率思维
    - ▶级别思维

概念篇

- 核心知识
  - 三大模式
    - ①声音
    - ②逻辑
    - ③图像
  - 四个步骤
    - 转换
    - 联结
    - 定桩
    - 整理
  - 五步学习法
    - ①通读理解
    - ②框架分析
    - ③记忆系统
    - ④练习强化
    - ⑤复习巩固
  - 六种方法
    - 串联
    - 谐音
    - 代替
    - 编码
    - 定桩
    - 关键字

第一节　什么是记忆宫殿

一、记忆宫殿的历史

历史上关于记忆宫殿方法最著名的记载，来自明朝万历年间的利玛窦。

利玛窦（Matteo Ricci），1552年出生于意大利，于明朝万历十年（1582年）来到中国，1610年在北京逝世。死后经明神宗万历皇帝特许，安葬于北京西郊（今北京行政学院院内）。

非常有名的《西国记法》即为利玛窦所撰写的中文记忆专著。全书分为六篇，分别是：原本篇、明用篇、设位篇、立象篇、定识篇、广资篇。该书主要讲述了如何利用西方记忆术（即"地点桩法"）来巧妙地记忆中国的文字。

1984年，耶鲁史学怪杰史景迁（Jonathan D. Spence）对此书重新进行了摹写，以利玛窦在中国的经历为主线，详细、客观地记载了利玛窦的人生以及他大脑中的记忆宫殿，并将此书命名为《利玛窦的记忆之宫》，英文名字 *The Memory Palace of Matteo Ricci*。

但是关于记忆宫殿方法最早的传说，却与2500年前的一位诗人有关。他的名字叫西蒙尼德斯（Simonides），是古希腊一位非常有名的抒情诗人，据记载，他掌握了高超的记忆术。传说在一次宴会上，两位差遣使把他从宴会中叫了出去。他刚走出宴会厅的大门，整个宴会厅的屋顶就突然塌了下来，里面的所有人都被砸死，无一幸免。死者均血肉模糊，连家属都无法辨认尸体，西蒙尼德斯却凭借每位死者在宴会厅的位置准确地辨认出了全部尸体。

这是历史上关于记忆宫殿方法最早的记载了。

经过了千百年之后，另一个人物的出现使"记忆宫殿"的方法在世界范围内推广开来。他就是被誉为"世界大脑先生""世界记忆之父"的英国著名心理学家、大脑专家托尼·博赞。

托尼·博赞（Tony Buzan）（也有人翻译为多尼·布赞、东尼·博赞），1942年出生于英国伦敦。他最大的贡献有两个：一是组织发起了"世界脑力锦标赛"，二是提出了"思维导图"的概念。这两项内容，也正是本书要和大家一起探讨和学习的两个核心内容。

"世界脑力锦标赛"的比赛项目均以记忆宫殿技术为核心，以记忆一些无规律的数字、扑克等信息为比赛内容。经过几十年的比赛，这种记忆方法也得到了很好的普及。特别是自2010年在中国广州举办世界脑力锦标赛总决赛之后，这种记忆方法在中国也得到了广泛的推广和应用。

这些年陆续涌现了王峰、邹璐建、韦沁汝等一批引起业界轰动的优秀记忆大师，他们也代表中国在脑力竞技的舞台上夺得了一个又一个的荣誉。也正是这些优秀的记忆大师们，影响着一代又一代的脑力运动爱好者去学习和钻研记忆宫殿的技术和方法，并把这些方法不断推向新的高度。

二、有关记忆宫殿的故事

有关记忆宫殿的故事有很多，在多部影视作品中都有提到与记忆宫殿相关的故事。在现实生活中，也有很多关于记忆宫殿的传奇故事。

武汉的一名大学生用记忆宫殿的方法轻松记下了圆周率的68000位。赵静博士利用记忆宫殿的方法在24小时内记完了《道德经》81章的内容。张海洋老师利用记忆宫殿的方法在不到半年的时间里成功背完了包括《道德经》《论语》《大学》《庄子》《孙子兵法》《孟子》《唐诗300首》在内的十几部国学经典，可以说完成了很多人一辈子都完不成的记忆任务。

还有一些爱好者利用记忆宫殿的方法，把《新华字典》《牛津字典》这类几十万字的工具书装进了自己的大脑。

在世界脑力锦标赛决赛的舞台上，已经有多位选手在一小时的时间里熟记了超过4000位随机数字、40多副被打乱的扑克牌的顺序。在速度方面，已经有多位世界记忆大师记忆一副洗乱顺序的扑克牌的时间稳定在20秒之内，打破了人类的大脑不可能突破30秒的极限"预言"。

记忆宫殿的使用者们还能利用记忆宫殿的技术创造出什么样的脑力奇迹呢？

我相信不久的将来，新的奇迹就会出现。

三、记忆宫殿的应用实例

记忆宫殿到底是如何应用的？为什么利用记忆宫殿的方法就能拥有超强的记忆能力呢？下面我们通过一个简单的例子来体验一下记忆宫殿的神奇之处。

比如，现在有以下10个卡通形象在排队，我们应该如何记住它们的排队顺序呢？

跳跳虎、机器猫、超人、葫芦娃、机器人、恐龙、大灰狼、小矮人、孙悟空、哪吒

如果用传统的方法来记忆它们的排队顺序，就是一遍又一遍地念，即死记硬背。但是如果把这10个卡通形象放到一个虚拟的宫殿中，记忆起来就容易得多了。

现在我们尝试用下面的"宫殿一角"来记忆这10个卡通形象的排队顺序。

我们把10个卡通形象安置到上图中的不同位置。现在大家可以一起来想象下，每个卡通形象在它所在的位置干什么？

跳跳虎： 在疯狂地摇动那棵大树。

机器猫： 头上长着螺旋桨在天空中飞着追超人。

超人： 正准备降落到屋顶。

葫芦娃： 在房顶的两个小窗户之间跳来跳去。

机器人： 在给门前的几个人当翻译。

恐龙： 在拼命撞大门想进去。

大灰狼： 躲在树上偷偷看着恐龙。

小矮人： 拼命敲打着窗户想出来。

孙悟空： 站在房顶用金箍棒指着哪吒。

哪吒： 正脚踩风火轮飞向那棵树。

可能很多朋友看到这里会产生一个疑问：虽然可以通过上图中宫殿的一角记住这10个卡通形象的排列顺序，但是如果记不住宫殿的样子，那又该怎么办呢？

这个问题问得非常好。这正是记忆宫殿的根本：如何在大脑中构建并熟记一个属于自己的记忆宫殿。

这些技术和方法我会在后面的章节中为大家详细地讲解。这里，大家先假设自己已经记住了上面这座宫殿里每一个角落的样子，然后我们按顺序在宫殿上画一条顺序线（如下图）。

这时候，我们看着上面的图片和顺序线，来尝试一下，看能不能按顺序把10个卡通形象的名称回忆出来。

怎么样？是不是非常轻松呢？

四、记忆宫殿的本质

通过上面的例子，我们已经简单体会到了记忆宫殿技术的神奇之处。那记忆宫殿的本质到底是什么呢？

记忆宫殿技术，是把原本单调、枯燥、抽象、简单的文字信息或者数字等不容易记忆的信息资料，通过大脑的想象转换成具体、形象、生动、有趣的图像信息，并按一定的顺序把这些图像信息保存到大脑中虚拟场景的具体位置上，从而在需要使用这些原始信息的时候，能够快速、准确、完整地从大脑中虚拟场景的对应位置上提取出来，并轻松地还原为原始信息。

我们把上面这段枯燥的文字转化为一张图。

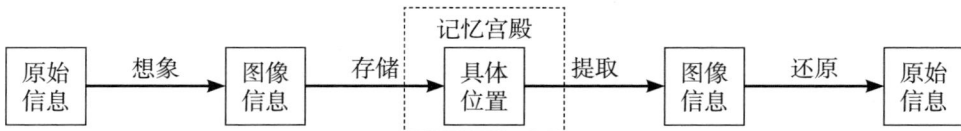

原始信息 →（想象）→ 图像信息 →（存储）→ [记忆宫殿：具体位置] →（提取）→ 图像信息 →（还原）→ 原始信息

可能很多的朋友会问：为什么非要用这么复杂的过程来完成记忆呢？整个过程中不仅要进行图像的转换，还要提前在大脑中储备虚拟的记忆宫殿场景，这难道不是画蛇添足吗？

很多初学者都会产生这个疑问，这是正常的。因为学习任何知识都有一个从怀疑，到否定，再到否定之否定的过程。

每一位朋友在开始学习记忆宫殿的方法之前，都要认清记忆宫殿技术的一个特点：**记忆宫殿是一项技术，但是必须通过严格、刻苦地训练，达到一定的熟练程度以后，才能真正转化为高效、超强的记忆能力。**

只有认清这一点，在学习和训练的过程中，才不至于眼高手低，不至于始终浮于形式，不至于总是幻想"我只要看一遍就能成为记忆大师了"。

随着记忆宫殿的技术越来越成熟，它也变得越来越复杂化、多样化、专业化。针对不同的领域，出现了不同的应用技术。比如，在记忆数字、扑克类信息时运用的技术与记忆四书五经、唐诗宋词时用到的技术就有很大的区别。这就像是汽车驾驶技术，驾驶大型货车和驾驶方程式赛车的技术并不能完全通用。

所以，学习记忆宫殿技术的过程中，不但要学习最基本的知识和基础，还要学习更专业、更有针对性的应用技术。前者让你学会走路，后者让你走得更快、更远。

能不能用记忆宫殿的技术来学习记忆宫殿呢？这就如同问一辆吊车能不能吊起自己，一个理发师能不能给自己理发，一个医生能不能给自己做手术，一个心理咨询师能不能给自己做心理咨询。

其实严格地讲，在没有掌握记忆宫殿的技术之前，是不能用记忆宫殿的技术来学习和记忆任何知识的。但是任何技术的学习都有个从陌生到熟悉，从熟悉到内化的过程。而实现内化的最好方法就是"应用"。在应用的过程中，我们可以不断地修正自己的方法和步骤，熟悉每个细节，直到完全内化成一种习惯。

所以，从这个角度讲，可以边学边用、边学边练，用记忆宫殿来学习记忆宫殿。

我们可以先用思维导图把记忆宫殿的所有知识点系统地梳理一遍，整理出记忆宫殿的知识体系框架。然后用记忆宫殿的方法把这个知识框架记下来，并且做到烂熟于心，在需要时就可以随时拿出来用。

一、记忆宫殿的三大记忆模式

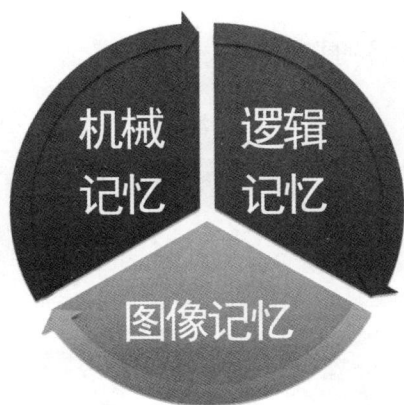

二、记忆宫殿信息处理的四个基本步骤

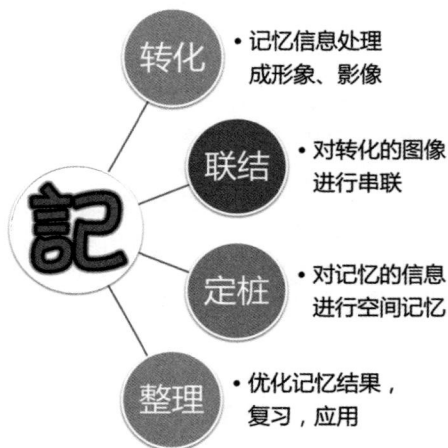

转化 · 记忆信息处理成形象、影像

联结 · 对转化的图像进行串联

记

定桩 · 对记忆的信息进行空间记忆

整理 · 优化记忆结果，复习，应用

三、记忆宫殿的五步学习法

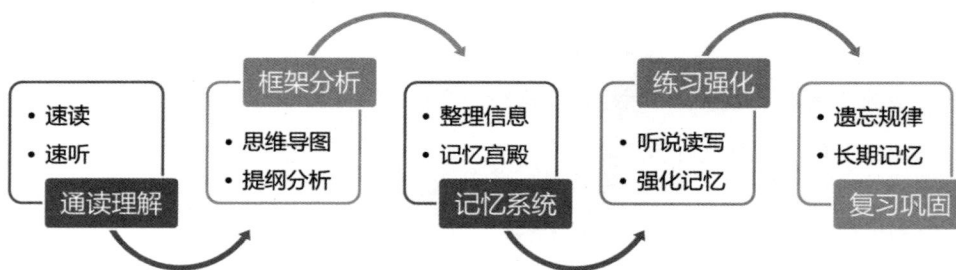

· 速读
· 速听
通读理解

框架分析
· 思维导图
· 提纲分析

· 整理信息
· 记忆宫殿
记忆系统

练习强化
· 听说读写
· 强化记忆

· 遗忘规律
· 长期记忆
复习巩固

四、记忆宫殿的六种基本方法

谐音法

KEY法

代替法

记忆宫殿

串联法

定桩法

编码法

第三节　什么是思维导图

一、思维导图的历史

思维导图是一种工具，同时也是一种学习和思考的习惯。历史学家们在牛顿、爱因斯坦、达·芬奇等科学家、艺术家的笔记手稿中都发现了思维导图的雏形。

20世纪90年代，托尼·博赞提出了思维导图的概念，把思维导图相关的知识、方法等写成了书，并在全世界范围举办了很多场关于思维导图应用的演讲和培训。从此，思维导图开始在全世界范围内流行开来。

二、思维导图的定义

思维导图又叫思维脑图、思维心智图、心智脑图等。那到底什么是思维导图呢？目前大家公认的用得最多的定义是：**思维导图是一种帮助大脑思考的图形化思维工具。**

从上面的定义中，我们可以看出以下三个正面特点。

正面特点一，思维导图的本质是一个工具。

正面特点二，思维导图的形式是图形化的。

正面特点三，思维导图的用途是帮助大脑思考。

从以上三个正面特点，我们也应该意识到另外三个反面特点。

反面特点一，思维导图是一个工具，但仅仅是个工具。

反面特点二，思维导图是图形化工具，但不是图。

反面特点三，思维导图可以帮助大脑思考，但不能代替大脑思考。

综上所述，我们首先要用正确的心态对待思维导图。思维导图是一个帮助大脑学习和思考的工具，但并不代表我们学会了思维导图就等同于学会了所有知识。即使能够熟练地应用思维导图，在学习任何知识的过程中，仍然需要一点点地积累。思维导图能够提高的只是学习的效率和质量，而不是省略学习的过程。

三、思维导图的用途

思维导图在生活、工作、学习中有哪些用途呢？我们从下面七个角度为大家介绍一下。

思维导图可以用于预习。对于学习来说，特别是对于学生阶段的学习来说，预习是一直被大家认可的非常重要的学习环节。预习可以让我们的大脑对将要正式学习的内容有个感性的认识，对将要学习的知识的重点和核心有个框架性的概念。而这种框架性的概念正好符合思维导图的理念。因此在学习过程中，如果学会用思维导图进行预习，边预习、边用思维导图画出预习的知识框架，可以让自己对知识框架的理解程度和印象更加深刻。同时，如果在预习过程中能够把已掌握知识点、未理解知识点、半理解知识点等分门别类地标示出来，将对以后的学习有更重要的作用。

思维导图可以用来记笔记。传统记笔记的方法是一行行地记录，其优点是简单、易行、方便，缺点是不容易突出重点，不容易表现出层级关系。如果采用思维导图的方法来记笔记，会更容易让记录的内容形成非常清晰的层级关系。当再翻开自己的笔记进行复习的时候，用思维导图记的笔记可以在更短时间内帮我们回忆起当时听到、看到、学到的内容，更容易在大脑中形成清晰的知识框架，对知识点的理解和掌握会有更大的帮助。

思维导图可以用于复习。复习和预习一样，是学习中不可缺少的重要过程，复习是对已经学过的知识进行回忆、归纳、总结、整理。复习并不是简单地重新学习或者再背诵一遍知识，更多的还是归纳、整理。所以，如果学会了思维导图，能用思维导图的方法对学过的知识点进行归纳、整理，将会使复习的效率提高很多。思维导图会使知识点的层次结构和相互关系更加清晰，帮助我们在更短时间内整体地回忆知识点。再结合前面所讲，如果坚持用思维导图来预习、记笔记、复习，这就相当于用思维导图把知识点梳理了三遍。相信经过这三遍梳理以后，你就可以轻松地掌握所学的知识了。

思维导图可以用于分析。这里所说的分析，是指对未知信息的对比、整理、尝试、了解等，常用于判断一件事情的真伪、优劣、可行与否等。采用思维导图的方法，对需要分析的内容进行发散和思考，并进行有针对性的归纳、总结、对比，最后可以得到一个相对客观的认识。在实际工作中，还可以用思维导图来分析产品、市场、行情、用户心理等，也可以用它来分析生产过程中的安全状态、环境标准、操作流程、人员状态等诸多因素。

思维导图可以用来设计和策划。 在设计策划领域，思维导图的作用是最明显的。俗话说，设计要依托于灵感，而思维导图恰好可以帮助设计师找到更多的灵感。思维导图独有的发散式思考模式，既可以有效地把控天马行空的、毫无意义的想法，又可以让设计师的思路发散得更广，从而激发出更多的灵感。另外，在活动策划、会议策划、比赛策划等方面，思维导图也能发挥得天独厚的作用，可以比文字策划得更加详细、具体。思维导图可以分别从时间、地点、人、财、物、事、量、因等多个维度去设计和策划一个活动的总体和具体细节，使每个环节的安排、部署、实施都变得有章可循、有条不紊。

思维导图可以用来总结和复盘。 总结和复盘是在实际工作中用于总结经验，提升团队工作能力的重要环节。用思维导图进行总结复盘，可以使复盘的过程更加精准，更能够抓住核心的内容进行总结，使团队更加清晰地看出整个过程好的方面、坏的方面等。使用思维导图复盘还可以帮助大家回忆起更多的细节，使复盘更加细致、完整。如果整个团队的人都习惯使用思维导图，那整个团队的素质也将会越来越高。

思维导图可以用来阅读和写作。 阅读和写作是两个极其相似的过程。如果能够学会高效地阅读，就可以逐渐做到高效地写作。特别是对于一些学习类、知识类、理念类、方法类的书籍，思维导图的结构化阅读模式更是一种非常高效的阅读模式。思维导图的阅读方法可以大幅提高阅读的效率，同时对掌握一本书的概念和核心内容能起到很大的帮助作用。在写作过程中，特别是在论文、总结、计划以及各类工作报告、项目汇报等应用类文章的写作过程中，思维导图能起到很大的帮助作用。思维导图可以更好地提纲挈领，使写出来的文章条理更加清晰，层次更加分明，便于读者和用户阅读。另外，在提高写作效率方面，思维导图也能起到很大的促进作用。

四、思维导图的技术内容

看到这里，很多朋友可能在思考一个问题：思维导图的功能这么多，那思维导图是如何实现这些功能的呢？其技术核心在哪里呢？

思维导图核心技术一：发散思维。所谓发散思维，就是围绕一个核心观点或关键词，向其周边所有可能的方向去发散思考，把与之相关的所有事物、事件及可能性都联想出来。发散思维并不是头脑风暴，发散思维是有方向、有目的、有条理地从中心观点向外发散。特别是在策划活动、设计产品、激发创意、计划写作等方面，发散思维起到了非常重要的作用。

思维导图核心技术二：归纳思维。归纳思维是发散思维的延续。在发散的时候，往往是很自由、零散地出现各种灵感、创意、点子和想法，这时候就需要归纳思维来对这些零散的信息进行分门别类，归纳出它们的层级、优劣、从属关系等，使发散出来的信息能够形成一个有清晰的层级关系、逻辑关系的框架。另外，归纳思维是一种思维习惯，它在演讲、教学、学习、工作过程中也有很大的帮助。

思维导图核心技术三：立体思维。立体思维是思考一件事情的维度，在思维导图中一般把"七何分析法"称为立体思维。即：何人、何时、何地、何事、何因、何方法、何结果。在思考很多事情时都应该考虑这七个维度，特别是在策划、设计、执行一些事情的时候，如果能够把握好这七个维度，我们将会得到一个非常完美的结果。

思维导图核心技术四：创新思维。创新思维是指通过联想和发散，将思考问题的方向从一个节点导向另一个节点的能力。比如，按照正常的逻辑，某两个节点是毫无关系也不可能发生关系的，但是借助创新思维，在中间增加一些用来衔接的节点，就可以将两个节点合理地联结到一起。

思维导图核心技术五：逆向思维。逆向思维是指从结果出发，逆着向前去思考事情的过程、起因等。逆向思维是科学研究中经常利用的思维模式，首先把结果想象出来，然后从结果出发，一点点地逆向思考，并且一步步地去实现每一步。逆向思维也是思维导图使用过程非常重要的一种思维模式。

思维导图核心技术六：图像思维。图像思维是指把抽象的内容转换成有形、有色、有动作的图像信息。大脑对图像信息的记忆能力明显要好于枯燥的文字信息和声音信息。因此，如果我们养成了进行图像思维的习惯，将对提高记忆能力、执行能力、纠错能力等有很大的帮助。

思维导图核心技术七：效率思维。 效率思维是指在工作、阅读、写作、记忆等很多领域中，要把握效率为先的原则。即先确保事情能够按一定的效率执行下去，而不能停滞在原地不动。当有了效率之后，再慢慢去优化其完成的质量。如果效率不存在，质量再高，也往往是行动极其缓慢，完全不能满足工作、学习的需要，更严重者还会半途而废。

思维导图核心技术八：级别思维。 级别思维就是做任何事情，都要养成有优先级别的思维模式。时间不足时，要优先处理哪些事情？精力不足时，要首先确保哪些事情的质量？要习惯性把需要完成的任务、学习的内容、记忆的知识、阅读的书籍、写作的方向等分出三六九等，所有事都有优先级，学会按优先级处理自己的工作、学习和生活。如果能养成级别思维的习惯，我们的人生状态将会大不相同。

第四节　思维导图与记忆宫殿

一、记忆宫殿与思维导图的关系

很多人喜欢把记忆宫殿与思维导图放到一个知识体系中，我想主要是受托尼·博赞的影响。毕竟他既是"世界记忆之父"，又是思维导图应用的发起人。

但这两种学习工具能得到大家的认可，主要还是它们都对提高学习和工作的效率有着非常重要的帮助。

记忆宫殿主要用于对大量知识点，尤其是大量文字类、符号类信息的记忆。比如，学科考试类知识、法律法规条款类知识、古文典籍类知识、医学类专业知识等，还包括英文、数字、扑克、专业符号等非中文类信息。这些有形的内容均可以通过记忆宫殿的方法进行记忆。此外，结合编码技术，记忆宫殿还可以用来记忆一些图形类信息，如人脸、指纹、二维码、钥匙等。

思维导图主要用于对复杂问题的梳理和思考，是帮助大脑更高效思考的工具。思维导图主要在学习的前期和后期发挥作用，即主要用于预习、理解和复习的过程中。对于一些系统性比较强的，不是单纯靠记忆就能解决的学科门类，思维导图的作用会更加明显。

二、两者的结合应用

学习任何知识都需要具备三种能力：**理解力、记忆力、创造力。**

理解力是前提，就如同要学习一个数学公式、一个物理的定理，首先要理解它的意思和用法。记忆力是通过练习、背诵等手段来记住一些核心的知识点、定义、条款等，而创造力就是根据大脑中已经具备的知识体系，能够写出新的概念、想法等。

比如，任何学科到了大学阶段都要写论文。写论文就属于创造的范畴。但是，创造的前提是理解和记忆。通过对一门学科的学习，理解了该门学科的知识构架，通过大量的练习来熟悉这些知识，最后才能重新整合、重组这些知识，从而形成自己的观点。

思维导图可以帮助大脑更好地理解知识，帮助大脑完成创新的过程，而记忆宫殿能够帮助大脑更快速、高效地完成记忆的过程。当两者能够完美地结合时，你的学习效率一定会有质的飞跃。

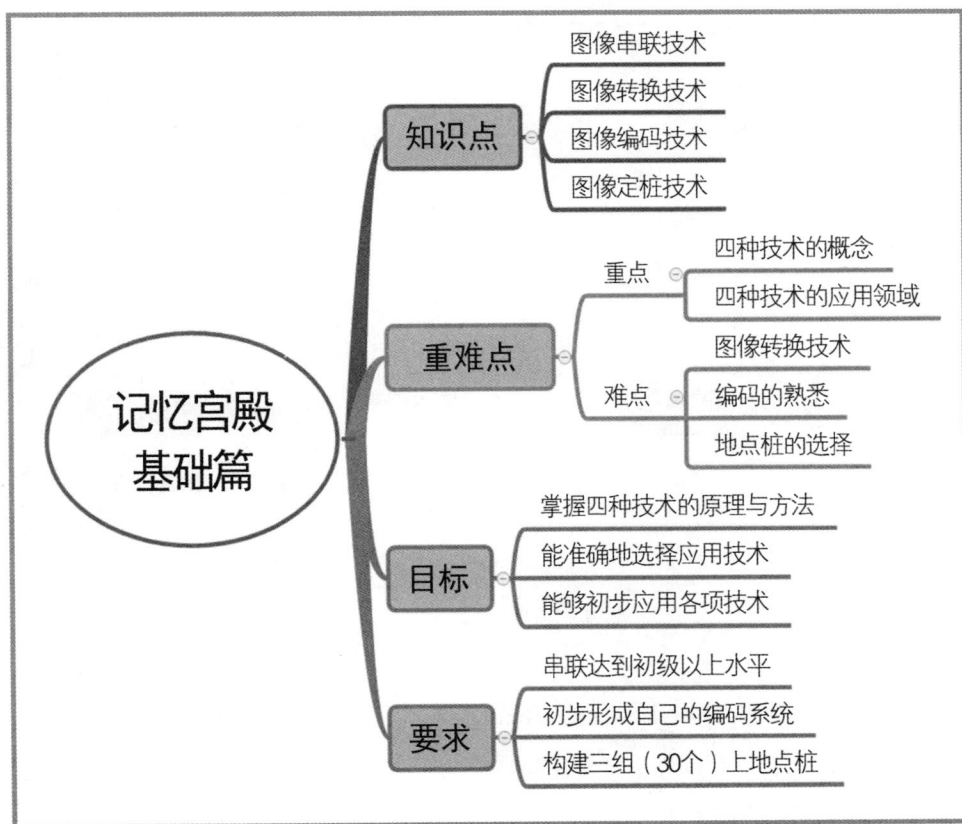

第一节　记忆宫殿的技术框架

记忆宫殿的基础技术，是记忆宫殿快速记忆的最底层的技术，也是竞技记忆和应用记忆的基础。只有把这些最底层的基础技术掌握好、掌握熟、掌握牢固了，才能在后面的竞技和应用中做到得心应手。

我们先通过下面的思维导图来了解一下记忆宫殿有哪些基础的技术。

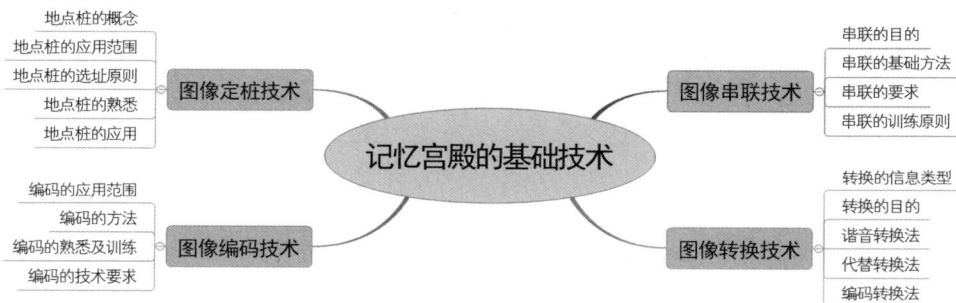

```
地点桩的概念
地点桩的应用范围
地点桩的选址原则        图像定桩技术                      图像串联技术    串联的目的
地点桩的熟悉                                                           串联的基础方法
地点桩的应用                                                           串联的要求
                              记忆宫殿的基础技术                        串联的训练原则

编码的应用范围                                                         转换的信息类型
编码的方法                                                             转换的目的
编码的熟悉及训练        图像编码技术                      图像转换技术    谐音转换法
编码的技术要求                                                         代替转换法
                                                                      编码转换法
```

现在我们来一起梳理一下记忆宫殿的技术核心。

记忆宫殿技术之所以能够快速地记忆很多的信息，其根本就是把需要记忆的信息全部转换成图像，并保存在大脑中（如下图）。

```
·接收  →  原始信息  →  ·转换  →  图像信息  →  ·存储  →  大脑
```

需要的时候再从大脑中把记忆的图像提取出来，并转换成原本的信息（如下图）。

```
大脑  →  ·提取  →  图像信息  →  ·转换  →  原始信息  →  ·呈现
```

从上图中我们可以看出，记忆宫殿的方法和传统记忆具有一个共同点：记和忆是个互逆的过程。我们在这一章中将重点为大家介绍在信息转化和信息存储过程中所用到的一些图像处理技术。

何为图像处理技术？

在前面的内容中，我们已经对大脑的记忆模式进行了详细的介绍。图像记忆模式是多种记忆模式中速度最快、记忆效果最好、记忆保持时间最长的记忆模式。所以，把需要记忆的信息转换成图像是必需的过程。特别是当需要记忆大量、单纯、重复的信息时，更需要图像记忆模式来提高记忆的效率。

为什么图像处理还需要专门的技术？比如，拿最简单的图像串联技术来说，如果不经过专业的学习和训练，我们似乎也可以进行图像串联，也能利用这种方法来记忆一些词语信息。但是这时候的记忆速度和记忆牢固程度与传统的死记硬背模式差别不大，或者说只是提高了一点儿而已。但是如果经过了专业、系统的训练，其速度的提高就完全不是一个量级了。

比如，利用传统的死记硬背的模式记忆10个随机词语，需要2分钟。如果不经过训练，直接用图像串联的方法来记忆可能需要1分半。一旦经过专业的、系统的训练之后，记忆可能只需要30秒、20秒、10秒甚至更快。

另外，任何技术都有专业和业余的区别，大家一定要坚信这一点。就拿最简单的图像编码技术来说，专业的编码和业余的编码是有很大区别的。这些区别不是简单的、能看到的编码的图像、名称等的区别，而是在实际应用过程中的一些细节的技术处理。大家可以对比专业和非专业的人对编码的处理，可以发现在数字读码（后面会对此概念做详细讲解）和数字记忆的过程中会有非常大的区别。这不只是速度上的区别，还有记忆牢固程度的区别。

所以，从现在开始，请大家重新调整心态来看待记忆宫殿的技术。

第一条，记忆宫殿是一项专业性很强的知识和技术。

第二条，任何专业性知识和技术都不是只看几页书就能学会的。

第三条，经过专业训练之后，其水平是可以轻松碾压业余水平的。

通过上面的图示我们已经知道，在利用记忆宫殿的方法对信息进行记忆的时候，需要对信息进行图像转换，对转换出来的图像进行联结，再把图像保存到大脑里的记忆宫殿中。其中的每一步看上去都很简单，实际上都需要专业的技术处理手段，才能应用得得心应手。

我们开始正式地介绍记忆宫殿的几项专业技术。

技术一：图像串联技术。

图像串联技术用于两个或者多个图像信息之间的关系记忆。比如，先后关系、从属关系、位置关系等，是图像与图像之间联结的基本方法和技巧。这项技术不仅要求我们完成图像与图像之间的联结，更对联结的速度和联结的牢固性有很高的要求。这是图像记忆的基础，是完成后面编码应用和图像定桩的核心。

技术二：图像转换技术。

图像转换技术是把一些无法直接形成图像的信息转换为图像信息，方便我们进行图像记忆。我们记忆的很多信息并不都是图像信息，比如，抽象词（如经济、坚强、无故等）、字母、数字、符号等。这些信息并不能直接在大脑中形成图像。所以在记忆过程中，需要利用图像转换技术把非图像信息转换成图像信息。这个转换过程既要效率高，又要求转换出来的图像能够准确地代表原本的信息并能逆向转换为原本的信息。

技术三：图像编码技术。

严格意义上讲，图像编码技术是图像转换技术的一种。图像编码是图像转换的结果，是转换好的图像产品。图像编码技术一般用于数字、扑克、字母等高频率出现的信息，或者用于像人脸、指纹、钥匙等高相似度的图像信息的记忆。前者是将抽象的数字等信息转换成图像，后者是将形象但相似度极高的图像信息转换成数字（再转换成数字编码对应的图像）。掌握了这项技术之后，任何看上去不可能记忆的内容都会变成容易记忆的编码图像了。

技术四：图像定桩技术。

图像定桩技术是将大脑中形成的图像通过固定的方式保存到大脑中固定位置的技术。记忆宫殿法的核心技术就是图像定桩技术，这项技术包括两项不同的技术内容。一是在大脑中打造自己的记忆宫殿，二是更快速、高效、牢固地把图像保存到记忆宫殿中。

记忆大师们能够在很短的时间内记住一副牌，能够一次性记住几千位无规律的数字，都是因为使用了以上四项基本技术。只要把这四项技术学好、练好，并能灵活、综合地运用，每个人都能成为一个具有超强记忆能力的人。

第二节　图像串联技术

图像串联技术是图像记忆的基本功，也是学习图像记忆必须要掌握的一项技术。我们先通过一个例子来感受一下什么是图像串联技术。

一、图像串联初体验

请用图像串联法按顺序记忆下面的词语。

山楂、水杯、蚂蚁、纸巾、摩托车、柳树、大灰狼、菠菜、钱包、天线

我们先来看一下，传统的记忆方法是如何记忆这些词语的。

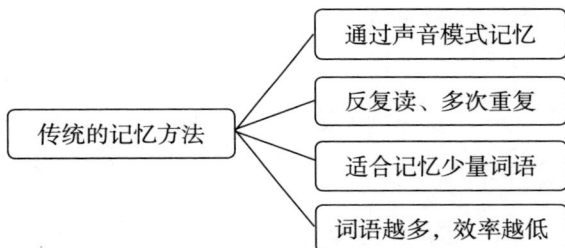

```
                    ┌─ 通过声音模式记忆
                    ├─ 反复读、多次重复
   传统的记忆方法 ──┤
                    ├─ 适合记忆少量词语
                    └─ 词语越多，效率越低
```

如果要求记忆的词语只有5个或者更少，比如：

大山、汽车、馒头、手机、女孩

这时候，大部分人采用传统的记忆方法就可以轻松地记下它们的顺序。有的人只需要念一遍就能记住，即使记忆能力不好的人，念上三五遍也能准确地记住。

但是，当需要记忆的词语的数量超过7个，特别是超过9个以后，再通过传统的死记硬背的方法来记忆，就显得力不从心了。

知识拓展

记忆广度：一般指通过自然记忆的方法一次性能够记住的单类型元素的数量上限。比如，一次性能记住的无规律数字的数量，一次性能记住的特殊符号的数量，一次性能记住的词语的数量等。

一般情况下，记忆广度的阈值范围是5~9，即"7±2"。也就是说，对于智力正常的人来说，大部分人的记忆广度为7个。记忆力差的人的记忆广度也不会低于5个，记忆力好的人的记忆广度也不会超过9个。

所以，如果我们想通过传统的方式来记忆10个词语，所用的时间与记忆5个词语所用时间绝对不是单纯的倍数关系。可能需要花5倍甚至10倍的时间来记忆，其记忆效率非常低。另外，通过传统的记忆方法虽然也能完成这项记忆任务，但是记忆的牢固程度非常低，经常是过一小时甚至几分钟后就会遗忘，而且遗忘的比例非常高，甚至会出现一个也回忆不出来的情况。

并且，如果要求记忆的信息不是一组，而是多组类似的词语序列，那么在记忆过程中发生混淆的可能性非常大。特别是当记忆的数量超过3组以后，发生混淆的概率会更大。

这些都是传统记忆模式在记忆零散、无规律信息时的弊端。

我们通过一个思维导图来总结一下传统记忆模式的特点。

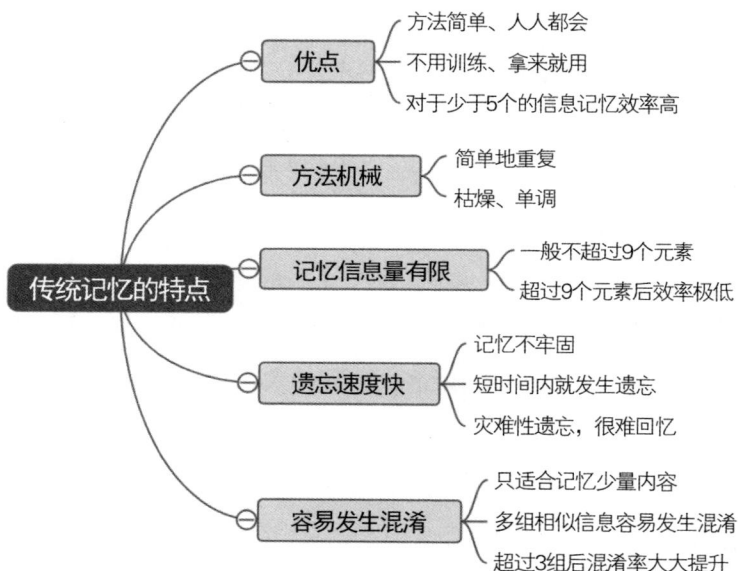

下面我们就来一起学习如何采用图像串联技术完成对这10个词语的记忆。

首先，图像记忆的基础是图像。

比如，需要记忆的第一个词语是"山楂"。这时候我们不能把记忆的重心放在"shān zhā"这个声音信息上，而是应该在大脑中想象出一个山楂的形象。至于这个山楂应该是什么形象，不同的人有不同的看法。有的人想象的是一个单独的山楂，有的人想象的是一盘或者一筐山楂，还有的人想象的是一串山楂。无论如何，山楂的形象一定要具体，大脑中的形象越生动、具体，记忆的效果就越好。

其次，图像记忆的核心是图像间的链接。

当把所有需要记忆的词语转换成图像以后，如何按顺序一个不漏地记忆这些图像呢？这里用到的技术就是"图像串联"，即通过想象让图像与图像产生关系。这个"产生关系"的过程就是"图像串联"的过程。

那该如何让两个图像产生关系呢？一般情况下，可以从两个图像的特点或属性入手，想象它们发生接触、碰撞、摩擦、破坏、进入、出现等交互，从而形成一组由两个单独图像组合而成的动态画面。

比如，第二个词语是"水杯"。同样，先在大脑中想象出一个水杯的样子，要具体地想象出水杯的颜色、材质和形状。比如，我想象了一个最普通的喝水用的透明玻璃杯。

当"山楂"和"水杯"的图像在大脑中清晰后，就可以通过想象让两个图像产生关系了。

比如：

一个山楂掉进了水杯里。

用山楂敲击水杯。

用一个山楂把水杯击倒。

在一堆山楂中翻出一个水杯。

这时候，两个图像就通过大脑的想象而产生了关系。

二、图像串联的目的

图像串联的目的是让两个或者多个独立的图像通过串联变成一组相互关联的图像。关联不仅是图像层面的，还有逻辑层面的，两者的结合能让两个图像之间的联结更加牢固。

如下图，如果两个图像之间不产生关系，那么无论怎么在大脑中放置两个图像，时间长了都会发生遗忘。

但是，如果图像与图像产生了关系，两个图像就变成了一个整体，这时候，发生遗忘的概率就大大降低了（如下图）。

　　将一个山楂扔进杯子里，杯子里的水都溅了出来。一幅生动形象的画面在大脑中就形成了。一旦形成这样的画面，再发生遗忘的概率是不是大幅降低了呢?

　　当需要串联的是多个词语的时候，大脑中形成的就不再是一个图像，而是一个接一个的图像形成的图像链，就如同一部电影或动画片。

比如，第三个需要记忆的词语是"蚂蚁"。先在大脑中想象出蚂蚁的形象（如一堆蚂蚁），再把前面两个词语形成的图像与"蚂蚁"联结在一起，就形成了一个新的图像组合（如下图）。一个山楂掉进玻璃杯，从玻璃杯里溅出来好多、好多的蚂蚁。

为了更好地区别三个词语的先后顺序，可以对大脑中的图像稍作调整（如下图）。

现在，我们就用上面的方法把10个词语快速地串联在一起（图片请大家自己想象）。

一个山楂掉进了水杯，水杯里溅出来好多、好多的蚂蚁。蚂蚁爬到了一张巨大的纸巾上。用纸巾去擦拭一辆摩托车。擦干净的摩托车冲了出去，撞到了一棵柳树。柳树上跳下来一只大灰狼。大灰狼抱着一捆菠菜塞进了非常大的钱包里，然后从钱包里抽出来一根长长的天线。

这种通过大脑想象，把多个独立的词语转换成图像后串联在一起的技术就是**图像串联技术**。

三、图像串联的技术核心

此项技术理解起来非常简单，但在实际应用的过程中，还是有很多的细节需要注意。下面就为大家介绍一些在处理这些细节时的技术。

技术一：串联的核心是图像而不是情节。

在进行串联联想的时候，如果想象某个人一边吃着山楂，一边用水杯喝水，这种想象似乎没有什么问题，但实质上这种联想只是情节串联而不是图像串联。通过情节形成的图像，里面会有一个似有似无的主人公，这在图像串联中是个本不该出现的图像。另外，在情节处理的过程中可能会产生人物的思想、情绪、想法等，而且经常会出现图像的先后关系。比如，在上面的例子中，主人公是先吃的山楂，还是先喝了水？而且在情节串联完成后的图像中，留在大脑中最重要的信息是主人公的动作"吃、喝水"，而淡化了物品"山楂、水杯"的形象。

技术二：串联时两个图像有主动与被动的区别，用于区分两个图像的先后顺序。

主动与被动的关系其实就是两个图像的先后顺序。主动为先，被动为后。比如，将一个山楂扔进水杯。这时候山楂为主动，水杯为被动。从水杯里倒出来一个山楂。这时候水杯为主动，山楂为被动。

所以，只要确认了两个图像的主被动关系，就能清晰地记住了两个图像出现的先后顺序了。

技术三：图像串联时应采用一对一的串联模式，而避免出现一对多的串联方式。

比如，在上面的例子中，山楂后面的词语是"水杯"，"水杯"后面的词语是"蚂蚁"。在串联的过程中，"山楂"只与"水杯"产生关系，而不与"蚂蚁"产生关系（如下图）。

山楂 —— 水杯 —— 蚂蚁

而如果"山楂"与"蚂蚁"串联，这时候三个词语的关系就变成了一对多（如下图）。

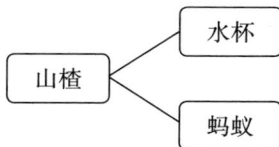

山楂 —— 水杯
　　 —— 蚂蚁

很明显，一对多的模式很难确认后面两个词语的先后顺序。

四、图像串联的训练方法

第一阶段：一对一串联训练。

通过对两个词语的串联训练，提升大脑的想象能力，使想象更大胆、更灵活、更快速。在训练一对一串联时，每两个词语至少都要想象出6种不同的串联图像，3个主动串联、3个被动串联。

第二阶段：10个词语快速串联训练。

10个词语的串联训练主要是用来提升串联的速度。在进行10个词语串联训练的时候，建议采用"一遍过，不回看"的训练方法。即图像串联只做一遍，最后一个词语完成后不复习，直接进入回忆环节。刚开始训练时，可以不计时，只追求"一遍过"。刚开始训练时，可能无法做到正确、完整地回忆出10个词语，但只要坚持训练，准确率和速度就会越来越高。

第三阶段：30个以上词语一次性串联训练。

如果把第二阶段的训练比作百米冲刺，那30个词语的串联训练就可以被比作1000米或3000米长跑。刚开始训练时，可以采用2遍或者3遍记忆模式，但追求的目标是"100%正确"。

五、图像串联训练的参考标准

入门水平： 10个词语的串联时间不超过100秒。

高手水平： 10个词语的串联时间不超过30秒。

大师水平： 10个词语的串联时间不超过10秒。

现在我们用思维导图来总结一下图像串联的知识要点和技术核心。

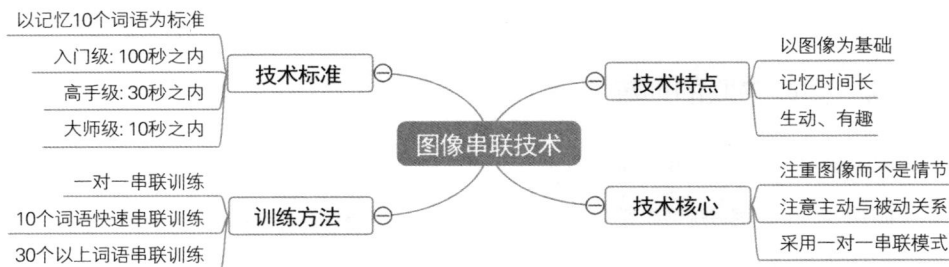

以记忆10个词语为标准
入门级：100秒之内
高手级：30秒之内 —— 技术标准
大师级：10秒之内

一对一串联训练
10个词语快速串联训练 —— 训练方法
30个以上词语串联训练

图像串联技术

技术特点 —— 以图像为基础
记忆时间长
生动、有趣

技术核心 —— 注重图像而不是情节
注意主动与被动关系
采用一对一串联模式

作业

训练内容一：一对一串联训练。

手机—白菜　　　　眼镜—木板　　　　头发—扑克

小鱼—月亮　　　　歌手—地板　　　　星星—钥匙

训练内容二：10个词语快速串联训练。

第一组：毛巾—馒头—火箭—诗人—沙子—手指—名片—手表—啤酒—垃圾

第二组：楼房—舞者—口罩—黄瓜—鹦鹉—椅子—孩子—面条—拖鞋—绳子

第三组：光盘—箱子—玻璃—鸽子—饮料—书包—胡子—大枣—话筒—笼子

训练内容三：30个词语串联训练。

大炮—吉他—大门—夹子—老虎—心脏—荔枝—苍蝇—出租车—纸袋—剪刀—耳朵—电脑—铁门—手机—苹果—公鸡—日记本—加油站—壁画—窗帘—小偷—手铐—尖塔—奶奶—直升机—历史书—碗—耳环—拖拉机

第三节　图像转换技术

什么是图像转换技术？

图像转换技术就是把文字信息转换成图像信息的技术。图像转换技术是图像记忆的基本功之一，在应用记忆方面尤为重要。如记忆古诗词、古汉语、现代文、外语等文字信息过程中，几乎每段文字都要用到图像转换技术。

为什么非要进行图像转换？

因为我们需要记忆的信息并不都是形象词，更多的是一些抽象词。

知识拓展

形象词：所谓形象词，就是看到词语能够直接在大脑中呈现图像的词，如苹果、汽车、月亮、兔子等。一般为名词，个别的动词也会有一个形象，但相对不如名词清晰。如跳、哭、摇摆等，这类词语在形成图像时，大脑会自动找一个替代的主语来完成它。比如，大脑会自动产生一个"小孩"哭的形象来代表"哭"，用一个小动物或人跳的形象代表"跳"。

抽象词：所谓抽象词，就是很难直接形成图像的词语。无论是名词还是动词、形容词、副词中，都有很多非常抽象的词语。尽管我们的大脑能够理解词语的意思，但是想把这类抽象词转换成生动的图像，还是比较困难的。比如，刚才这句话中的"比较"这个词语，就是一个典型的抽象词。

上一节中我们一起学习了词语串联技术，如果需要串联的词都是些抽象词，该如何串联呢？比如：

经营、清晰、固执、神秘、空旷、珍贵、熟练、浪费、便宜、价值

虽然掌握了上一节中所讲的词语串联技术，但是想串联如上所述的这些抽象词，是不是还是感觉力不从心呢？

那应该如何把上面这些抽象词语转换成图像呢？现在就为大家介绍几种常用的图像转换技术。

一、图像转换技术之谐音法

谐音转换，就是根据词语的发音把原词转换成一个与之发音相同的形象词。

1. 谐音法的基本用法

比如，词语"谐音"本身就是抽象词。我们的大脑虽然能够理解"谐音"的意思，但是却无法在大脑中想象出"谐音"应该是怎样的图像，这个词是"什么颜色，什么形状，什么动作"均无从想象。这时候就可以根据这个词语的发音"xié yīn"，找到另一个与此发音相同或者相似的词语。比如，"鞋印"正好与"谐音"的拼音相似，而且"鞋印"可以轻松地在大脑中产生一个图像。

并不是所有的词语都能被轻松地转换成发音完全相同的另外一个词语，在这种情况下，还可以借用一些发音相似的或者相近的词语。

比如：

"妥协"转换成"拖鞋"——拼音相似，声调不同。

"妥协"转换成"童鞋"——拼音不相同，但比较接近。

何为发音相同，何为发音相近？

第一种情况：对于拼音字母完全相同，只有声调不同的情况，视为发音相同。

第二种情况：声母部分只有"zh、ch、sh"和"z、c、s"这类平翘舌音的区别。如：

张 → 脏　　　主 → 足　　　顺 → 笋

资 → 纸　　　从 → 虫　　　虽 → 水

第三种情况：韵母发音有"ang、eng、ing"和"an、en、in"这类前后鼻音的区别。如：

斌 → 兵　　　争 → 针　　　因 → 鹰

第四种情况：韵母发生更大的变化。如：

ang → uang　　　　an → uan　　　　ia → ie　　　　ao → iao

第五种情况：声母发生更大的变化。如：

l → n　　　　f → h　　　　r → l

从上面的几种情况可以看出，在谐音转换时，可以借鉴不同地区方言的发音特点，灵活地运用。不要局限于上面出现的几种情况，可以大胆地进行转换。转换没有合理与不合理的清晰界限，如果非要给"这样转换行吗？"一个标准，那就是：**"能否根据转换后的组合词语回忆出原本的词语。"**

2. 谐音法的延伸技术

尽管上面已经给出了很多种可供参考的转换方案，但在实际转换的过程中仍然会遇到怎么也转换不出来的情况。对于这种很难找到发音相同或者相似的词语的情况，在这里也给大家分享一个"谐音法"的**延伸技术**。

比如，"管理"这个词，如果利用上述直接转换的方法很难找到相似的词语，我们可以尝试把这个词语拆开来进行转换。

第一步，分别对词语中每个字进行谐音转换。

"管"，发音为"guǎn"，我们可以找到发音与这个字相同的有具体形象的字。其实，"管"本身就有"水管、钢管、管道"的意思。这时候一个形象就在大脑中形成了。

"理"，发音为"lǐ"，我们也能找到发音与它相同的有具体形象的字，如梨、栗、荔、犁等。

第二步，对转换出来的形象单字进行组合尝试。

比如：

"管梨"可以想象成"水管上有一个梨"。

"管栗"可以想象成"一个粗管里面装满了栗子"。

第三步，从中挑选一个自己认为图像清晰，且容易接受的词语。

实际上这并不是词语，而是自己造的一个词语组合。

我们再来看几个类似的例子：

公正：公 → 弓　正 → 正　组合：弓正

图像：一张弓摆在桌子上，或者挂在墙上，摆放得特别正。

寻求：寻 → 寻　求 → 球　组合：寻球

图像：在到处寻找一个球。

质疑：质 → 纸　疑 → 衣、椅　组合：纸衣、纸椅

图像：一件用纸做的衣服，或者一把用纸做的椅子。

大部分的词语在实际转换中均会用到这种组合转换的方法。刚开始使用时你可能会感觉有些生疏，不知道该如何转换，但随着不断地练习，你就能轻松地完成拆分、组合、成像这个过程了。

3. 谐音法应用实例

现在，让我们用以上方法，对本节开头提到的10个词语进行图像串联。

经营、清晰、固执、神秘、空旷、珍贵、熟练、浪费、便宜、价值

首先，把上面的抽象词，依次转换成形象词或者形象组合词。

经营 → 鲸赢（一只鲸鱼赢得了比赛）

清晰 → 清洗（某个物品在水里或者水龙头下清洗）

固执 → 骨折（这个好理解）

神秘 → 生米（一锅生的大米）

空旷 → 空筐（一个空的竹筐）

珍贵 → 针柜（一个专门用来放针的柜子）

熟练 → 书链（一条挂在书上的链子）

浪费 → 狼飞（一只狼在天上飞）

便宜 → 偏椅（一只做偏了的椅子）

价值 → 假肢（残疾人用的假肢）

用上一节所讲的"图像串联技术"对上面转换出来的10组图像进行串联联想。

一条鲸鱼赢得了比赛，跑到水龙头下面去洗清自己的身体，结果水龙头里面流出来一段断了的骨头。骨头飞到一锅生米中。把生米倒进一个空筐里，把空筐搬到一个针柜上面。针柜上挂着一条书链，书链上拴着一只狼。狼飞到天上撞到了一把偏椅，偏椅上放着一段假肢。

我们来尝试回忆一下，看能否回忆起10组图像所对应的10个组合词语。

一条鲸鱼赢得了比赛 → 鲸赢

跑到水龙头下面去洗清自己的身体 → 清洗

水龙头里面流出来一段断了的骨头 → 骨折

骨头飞到一锅生米中 → 生米

把生米倒进一个空筐里 → 空筐

把空筐搬到一个针柜上面 → 针柜

针柜上挂着一条书链 → 书链

书链上拴着一只狼，狼飞到天上 → 狼飞

撞到了一把偏椅 → 偏椅

偏椅上放着一段假肢 → 假肢

这里请大家注意，在回忆的过程中，不能仅限于回忆图像，而应该尝试把与图像对应的组合词语回忆一遍。

图像是没有文字信息的，以"一个专门装针用的柜子"为例，脑海中有这样的一个图像：一个专门用来装细长的金属物（针）的箱体类物品（柜）。这个图像很清晰，但它的名字是叫针柜、针箱，还是针橱、针盒呢？大脑在利用图像进行记忆的时候，是没有能力通过图像来区别这几个词语的，除非再附加一些其他的图像来区分，但是一般情况下不建议这样做，因为这样会增加图像的复杂度，产生额外的脑力开支。

这种情况下，应该如何更准确地记住图像对应的词语是"针柜"呢？这时候就要用到另外一种记忆模式的辅助——"声音记忆"。

在构建和回忆图像的时候，同时小声或半默读地"念"出对应的文字。这样就很容易把图像和其代表的文字（声音）信息链接到一起了。

如果能做到上面一步，就可以再更进一层，尝试回忆组合词语所代表的原始词语。

鲸赢	→	经营	清洗	→	清晰	骨折	→	固执
生米	→	神秘	空筐	→	空旷	针柜	→	珍贵
书链	→	熟练	狼飞	→	浪费	偏椅	→	便宜
假肢	→	价值						

4. 谐音转换时需要注意的问题

第一，尽可能采用发音相同的词语。

发音相同的词语逆向还原准确率高，能够使我们更精准地回忆原词。实在找不到完全相同的替代词时，再去找发音相似或者相近的词语。

第二，转换出来的词语一定是形象的。

如果经过转换后的词语仍然是抽象词，就失去了做图像转换的意义。比如，把词语"公正"转换成"工整"，看上去采用了发音相同的转换策略，非常准确，能够根据"工整"回忆出原词"公正"。但是"工整"本身也是抽象词语，并不能在大脑中直接形成具体的图像。所以这样的转换是没有价值的，等于做了无用功。

第三，转换时尽可能采用独立的图像，尽可能避免组合的图像。

如上面的例子中，"熟练"转换成了"书链"，实际上就是一种组合的图像，它是由"书"和"链"两个图像组合起来的。如果能找到一个独立且发音和"熟练"接近的形象词，将是更好的选择。

总之，谐音转换法是一种非常自由的转换方法，需要多加练习。随着应用熟练程度的提高，转换的速度会越来越快，转换出来的图像也会越来越简单、清晰、明了。

二、图像转换技术之代替法

所谓代替法，就是根据意思来将原词转换成一个能够代表词语的物品或者场景。

1. 代替法的基本用法

比如，词语"痛苦"属于抽象词，但是当我们看到"痛苦"这个词语的时候，大脑中会自动产生一个与"痛苦"有关系的画面。可能是一个人躺在病床上痛苦地呻吟，可能是一个刚刚失恋的人痛苦地流泪，也可能是某人不小心撞到树上疼得痛苦地嚎叫。

按照"谐音法"，我们完全可以把"痛苦"转换成"铜裤"，这也是一个非常清晰的画面。但是谐音转换最大的缺点是转换速度慢、效率低。就算经过大量的训练，也很难在秒级之内转换出非常令人满意的谐音词以及图像。

代替法是解决转换效率的最好方法。

代替法是根据词语的原本意思进行图像转换，只要我们能理解词语原本的意思，就能根据这个意思在大脑中想象出一个与该意思有关系的物品、形象或者场景。比如：

工资 → 一叠人民币

飞速 → 战斗机

坚硬 → 一块石头

神秘 → 蒙面人

艺术 → 一幅油画

技能 → 杂技演员

2. 代替转换法的特点

第一，代替法最大的优点是转换速度快。

几乎可以在看到词语的同时就在大脑中产生一个对应的图像或者场景。

第二，代替法转换的随机性太大。

在不同的时间、不同的地点、不同的心情及状态下看到同一个词语，转换出来的图像并不完全相同。正如前面所说的例子"痛苦"，为什么不同的人，在不同的环境和心情下，就能联想到不同的情景呢？这与每个人的经历有关。在看到一个词语时，每个人大脑中与该词语相对应的记忆千差万别，所以就会产生不同的结果。

第三，很多意思相似的词语可能都会令人联想到同一个场景或者画面。

比如"悲伤、难过、伤心"等都会令人联想到一个人不开心的面面，"金融、经济、财富"都会令人联想到与"钱"有关的画面。所以在使用代替法进行转换时，如果同义词太多，就容易发生混淆。

3. 谐音法与代替法的选择

如何更好地利用代替法的高效率特点，同时又能避免代替法转换图像不稳定的问题呢？以下是笔者个人的一点经验，仅供大家参考。

第一种解决策略：能用谐音的尽可能用谐音。除非经过反复思考和转换，仍然找不到一个非常令人满意的谐音词语时，再采用代替法。

第二种解决策略：不论是用谐音法还是用代替法，均要辅助声音记忆来强化记忆效果，以便在回忆时能够根据声音记忆的信息来区别和还原词语原文。

三、图像转换技术之编码法

编码法实际上是谐音转换和代替转换的一种特殊的应用。当被转换的并不是一个独立的词语，而是一系列重复的、同一类型的词语时，一般采用编码法转换。下面是一些编码法的应用：

①下一节我们要一起学习的"数字编码"，以及与数字编码类似的扑克编码等。

②在记忆英文单词的时候，一些类似"词根、词缀"的字母组合编码。

③为记忆一些特殊的信息材料而专门设计的编码。例如：

中药药方编码。（虽然药方不尽相同，但每个药方都是从几百种药材中提取出几种进行组合，重复率很高。）

专业知识的编码。（比如，法律中反复出现的专业名词、建筑工程中反复出现的部件名称等。）

总之，编码是为了解决反复出现的高频词的图像转换问题。即对高频词提前进行图像转换，固定一个图像来代表该词语，而不需要在看到该词语时再临时转换。这种做法对记忆大量的重复信息非常有用，大幅提高了记忆的效率。

现在我们用思维导图来总结一下图像转换技术的知识要点和技术核心。

作业

训练内容一：请用谐音法将下列词语转换成图像。

第一组：裁员，出示，成书，面目，友爱，县域，甬道，历代，教导，思考

第二组：也指，联保，故而，不当，能耗，感言，艰深，编辑，暴露，结束

训练内容二：请用代替法将下列词语转换成图像。

第一组：开端，劳力，董事，阵列，绝不，运算，违纪，一点，老成，将要

第二组：考据，专攻，无量，超龄，工位，戒备，死守，环形，艰辛，平静

第三组：联系，无端，感人，朝代，救亡，药学，不变，恶习，技术，加持

训练内容三：请将下列词语转换成图像，并用串联法按顺序记忆。

第一组：开心，原告，妻室，咨询，爱侣，基金，不顺，蓝天，大度，走失

第二组：契约，萦绕，肥缺，丢人，悬浮，恶意，隆重，节能，戛然，密集

第三组：逐字，通融，阴暗，及至，更大，营利，理科，胜似，超级，工卡

第四节　图像编码技术

图像编码技术是图像转换技术的一种特例，是将出现频率很高的词语、数字、字母、符号等转换成固定图像的一种技术。

在图像编码技术中，最有代表性的是数字编码技术。本节主要为大家介绍数字编码的设计和相关技术。

一、数字编码应用介绍

数字编码，就是把数字转换成图像的方法。我们以阿拉伯数字为例，数字只有"0……9"这10个，但是却能排列出无数种数字组合。为了能够记忆任意长度的数字，我们需要把数字转换成固定的图像来帮助大脑完成记忆。

1. 个位数编码

如何把数字转换成图像呢？其实大部分人在很小的时候就有将对数字转换成图像的经历。还记得幼儿园里我们唱过的儿歌吗？

1像铅笔细又长，2像小鸭水中游，3像耳朵听声音，

4像小旗迎风飘，5像秤钩来买菜，6像豆芽咧嘴笑，

7像镰刀能割草，8像葫芦做成瓢，9像勺子能盛饭，

10像火腿加鸡蛋。

大家可以来仔细分析一下这首儿歌，其中的每一句都是把单个的阿拉伯数字按照数字的形状转换成了日常生活中我们非常熟悉的物品。（10除外，因为10严格意义上已经不是单个的数字了，是由1和0组成的两位数。）

其实这首儿歌就相当于数字编码中的**一位数编码系统**，也叫**个位数编码**。

一位数编码系统简单好学，只需要几分钟（其实大部分人都已经熟记在心了）甚至更短时间就能熟记每个数字对应的图像。

但是一位数编码系统最大的缺点是重复率太高。这里所说的重复并不是编码与编码之间存在重复的情况，而是在实际使用的过程中，因为数字重复出现的概率太高，所以会导致图像重复的概率也高。

例如，请用数字编码图像串联记忆下列数字。

$$1.41421356237309504880$$

以上是保留到小数点后面20位的$\sqrt{2}$，我们可以从小数点后面的20位数字中看到，其中有：

三个"4"、两个"1"、两个"2"、三个"3"、两个"5"、三个"0"、两个"8"

只是20位数字，就出现了这么多的重复。所以在记忆的时候，无论是采用

"串联记忆"还是采用"定桩记忆"（在后面的章节中讲解），都会出现三个红旗、三个耳朵等大量重复的图像。重复的图像越多，发生混淆的概率就越大，后期回忆的时候出错的可能性就越高。

那有没有办法避免这种情况出现呢？当然有，那就是使用两位数编码系统。

2. 两位数编码

两位数编码，即每两位数字作为一个整体，形成一个图像。如上例中的小数点后面前6位是"414213"，那么只需要生成三个图像，即41、42、13的图像。虽然在这6位数字中，有两个"4"、两个"1"，但是经过组合，形成了三组两位数"41、42、14"，就不再有重复的图像了。

很明显，两位数编码系统共有100个编码，即00、01、02……97、98、99。

3. 多位数编码

虽然两位数编码能够在一定程度上预防图像重复的问题，但是当数字足够多的时候，仍然会有重复的现象出现。比如，在圆周率的前100位中，就多次出现了"28、38、32、79"等两位数，于是就有人提出了"三位数编码"。

所谓三位数编码系统，即每三位数字固定一个编码图像，这样就可以固定1000个编码图像。这样一来，$\sqrt{2}$的小数点后的前6位"414213"只需要两个图像就能代表了，即"414、213"两组数字对应的编码图像。

可能有些读者已经想到了，那有没有四位数编码系统呢？

近几年，随着竞技记忆比赛的普及，多米尼克编码系统（四位编码系统）、PAO编码系统（六位编码系统）也被发明了出来，已经有很多记忆大师和竞技高手采用了这些更复杂、更有挑战性的多位数编码系统。关于这些更高级、更复杂的编码，我们在本书下一章中为大家详细的介绍。

4. 选择两位数编码系统的原因

很明显，编码的位数越多，出现重复图像的概率就越小。那我们为什么不直接采用四位数编码系统或者六位数编码系统呢？

其实采用哪种编码系统，主要取决于对编码熟悉的时间是否在我们能够承受的范围之内。

比如，前面提到的个数位编码系统，想要熟记这10个数字对应的编码图像，可能只需要几分钟甚至几十秒钟。但是如果要熟记三位数编码系统对应的1000个图像呢？可能没有半年甚至更长的时间是不可能达到非常熟悉的状态的。而两位数编码系统正好是介于以上两者之间的一个最佳选择。一般情况下，大多数人在几个小时内就能基本熟悉100个图像与数字的对应关系，几天的时间就能达到相对比较熟悉并能基本应用的程度。

固然，我们要承认，三位数编码在竞技和应用过程中的效率非常高，是两位数编码所无法媲美的。但是三位数编码的熟悉时间成本太高了，一般人没有耐心和毅力坚持训练到熟记1000个编码图像。

正是基于这个原因，目前国内使用三位数编码的记忆大师不超过10人，其余的几百位世界记忆大师和众多的记忆爱好者均采用两位数编码系统。

二、数字编码的方法

数字编码，就是为每个两位数都固定的一个图像来作为它对应的编码。如何来为100个两位数设计图像编码呢？下面为大家介绍几种常用的设计策略。

1.谐音法：根据数字的发音进行编码

在汉语发音体系中，很多的数字组合的发音很容易与一些其他的文字联系在一起。比如，现在网络上流行用"520"代表"我爱你"，用"1314"代表"一生一世"，用"168"代表"一路发"等。这些就是生活中利用谐音法对数字进行编码的真实例子。

我们在设计数字编码的时候，与生活中的这些创新的最大区别是：谐音转换后的词语必须是有清晰图像的物品，而不能是虚拟词或抽象词。

比如，"57"与"武器"发音非常相似，我们可以把"57"对应的图像编码定义为"武器"，至于是什么武器，可以自己来决定，如枪、大炮、双节棍、流星锤等都可以。

再如，"79"与"气球"发音非常相似，我们就可以把"79"对应的图像编码定义为"气球"。

同样的道理，可以利用谐音法来定义的数字组合有：

01 —— 灵异　　　　　　　　　　　02 —— 铃儿、玲儿

03 —— 灵山、零散	32 —— 伞儿
04 —— 零食	33 —— 扇扇、伞伞
05 —— 领舞	34 —— 山石
06 —— 灵鹿、领路	35 —— 珊瑚
07 —— 令旗	36 —— 山路、山鹿
08 —— 篱笆	37 —— 山鸡、三七
09 —— 菱角	38 —— 伞把
10 —— 衣领	39 —— 散酒
11 —— 一亿	40 —— 司令
12 —— 婴儿	41 —— 司仪、死鱼、丝衣
13 —— 医生、衣衫	42 —— 柿儿
14 —— 钥匙	43 —— 石山
15 —— 鹦鹉、药物、食物	44 —— 石狮
16 —— 石榴、一流	45 —— 水母、水壶、食物
17 —— 食品	46 —— 饲料、石榴
18 —— 一霸、泥巴	47 —— 司机
19 —— 药酒	48 —— 扫把、糍粑
20 —— 二铃	49 —— 石臼、雪球
21 —— 鳄鱼	50 —— 武林
23 —— 二山、和尚	51 —— 武艺
24 —— 儿子、耳屎	52 —— 木耳、吾儿
25 —— 二胡	53 —— 巫山、牡丹
26 —— 二流子、二柳	54 —— 舞狮、武士
27 —— 耳机	55 —— 木屋、呜呜
28 —— 恶霸	56 —— 蜗牛
29 —— 阿胶、鹅脚	57 —— 武器
30 —— 三菱	58 —— 火把、舞吧
31 —— 鲨鱼	59 —— 五角

60 ——	榴莲		80 ——	巴黎、巴林
61 ——	儿童节		81 ——	蚂蚁
62 ——	牛儿、驴儿		82 ——	把儿、板儿
63 ——	流沙、硫酸		83 ——	爬山、巴山
64 ——	流食、螺丝		84 ——	巴士、84消毒液
65 ——	锣鼓		85 ——	宝物、蝙蝠
66 ——	溜溜球		86 ——	白鹭、白鹿、八路
67 ——	楼梯、油漆		87 ——	白漆、白旗
68 ——	喇叭、萝卜		88 ——	爸爸
69 ——	辣椒		89 ——	八角、芭蕉、八脚
70 ——	麒麟、欺凌		90 ——	酒瓶
71 ——	奇异果（猕猴桃）		91 ——	球衣、旧衣
72 ——	企鹅		92 ——	球儿
73 ——	奇山、鸡蛋		93 ——	救生圈、旧伞
74 ——	骑士		94 ——	教师、教室
75 ——	起舞、奇物		95 ——	救护车
76 ——	气流、汽油		96 ——	酒篓、酒楼
77 ——	琪琪、棋棋		97 ——	酒器、酒起子
78 ——	西瓜		98 ——	酒吧、旧报
79 ——	气球、汽油		99 ——	舅舅

2. 形似法：根据数字的形状进行编码

前面提到的"数字儿歌"就是根据形状来描述数字的。同样的道理，我们也可以利用这种方式，根据数字的形状对两位数编码进行设计。

比如，"11"就像两根独立的木棍，与生活中的"筷子"的形象非常接近，我们就可以把"11"对应的数字编码图像定义为"筷子"。

再如，"00"就像是望远镜的两个筒，所以就可以把对应的数字编码图像定义为"望远镜"，也可以定义为普通的近视镜、太阳镜、老花镜、游泳眼镜。

还有一种扩展的方法，就是根据带某种特殊意义的数字组合的形状来定义编码。比如，数字"50"可以想象成5个"0"，5个"0"组合在一起，是不是特别容易联想到"奥运五环"？

可以利用形状进行编码的数字组合有：

00 ——	眼镜	30 ——	三轮车
10 ——	棒球	40 ——	小汽车、奥迪
11 ——	筷子	50 ——	五环旗
20 ——	耳环、自行车、鸭子下蛋	69 ——	太极图
22 ——	双胞胎	77 ——	七喜饮料

3. 代替法：根据数字的含义进行编码

所谓根据数字的含义进行编码，就是根据数字在日常生活中被大众所认可的意义，来定义数字编码。

比如，"38"很容易让人联系到"三八妇女节"，所以就可以把其对应的数字编码图像定义为"妇女"。

与此类似的还有：

51 —— 劳动节（与劳动相关的物品，如扫把、铁锹、锤头、安全帽等）

61 —— 儿童节（与儿童有关的物品，如红领巾、书包、儿童玩具等）

81 —— 建军节（与军人有关的物品，如解放军、军装等）

当然，像54（青年节）、99（重阳节）、77（中式情人节）等也可以借鉴这种方式。

另外，有些数字本身就容易让人联想到某一种物品。如"24"容易让人想到一天有24小时，所以可以把"24"对应的图像编码定义为"手表、闹钟、日历牌"等与时间相关的物品。

与此类似的还有：

20 —— 香烟（一盒烟有20根）

49 —— 天安门（1949年中华人民共和国宣告成立）

99 —— 玫瑰（99朵玫瑰象征着爱情）

56 —— 民族服装（中国有56个民族）

72 —— 孙悟空（孙悟空有72变）

再延伸一下，有些数字组合虽然在大众认知的层面似乎没有什么特殊意义，但对个人有特殊意义，这种情况仍然可以作为个人的数字编码图像来用。

比如，我生于1977年，我就可以把数字"77"对应的编码图像定义为"我"。

假如你的女朋友的或者孩子的生日是在4月6日，你就可以把"46"对应的数字编码图像定义为你的女朋友或者孩子。

总之，如果某个数字对你来说有特殊意义，那么它所代表的一个人、一件事或者一样珍藏的物品，就都可以用来定义为数字编码图像。只是在定义时，一定要让图像具体化、清晰化、形象化。

三、数字编码的原则

有了上面的设计策略，是不是就可以设计属于自己的数字编码体系了呢？

当然可以，但是大多数人在实际设计的过程中会遇到一个问题：设计编码效率极低，面对一组数字，好长时间都想不出一个让自己满意的编码。那怎么办？

以下是快速形成自己的数字编码体系的方法和步骤。

1. 参考他人已有的编码体系

我们没必要亲自设计每个编码。目前国内已经有近1000名世界记忆大师，而且大部分记忆大师的编码都存在重复，有很多编码是大部分人都能接受的，我们可以直接拿这些编码来用。

当然，并不是100个编码全都能拿别人的来用，因为并不是每个编码都能适合每个人，否则就没有必要给大家讲解编码的设计策略了，直接给大家现成的编码用不是更方便吗？

所以，择其适者而用之，其不适者而改之。按我的经验，一般人在参考其他大师的编码后，会发现有超过一半甚至更高比例的编码是可以直接拿来用的。

下面给出国内记忆大师常用的数字编码图像，供大家参考。

国内记忆大师常用数字编码参考表

00：眼镜、玲玲、元旦、零蛋、手镯、胸罩、望远镜

01：灵药、灵异、冬衣、羚羊

02：铃儿、玲儿、冻耳、令爱、栋梁、冬粮

03：灵山、零散、东山、灵珊

04：零食、领事、董事、淋湿、旗子

05：领舞、动物、动武、东屋、灵物、勺子

06：哨子、领路、东流、冻肉、灵鹿

07：令旗、拎起、动气、镰刀

08：篱笆、淋巴、邻邦、麻花、葫芦

09：菱角、灵枢、勺子、领教

10：棒球、衣领、要领、妖洞、窑洞、110

11：筷子、一亿、哟哟、石椅

12：婴儿、英儿、一两、要粮

13：医生、衣衫、移山、一扇

14：钥匙、要死、咬死、仪式、一寺、遗失

15：鹦鹉、衣物、妖物、义务、医务、遗物、药物

16：石榴、一扭、一流、遗留、遗漏、一路

17：仪器、一起、义气、一汽

18：泥巴、一霸、一把、摇把、哑巴

19：药酒、石臼、依旧、要酒

20：耳环、耳洞、自行车、鸭子下蛋、两洞、两幢

21：鳄鱼、二姨、恶意、安逸、耳语

22：鸳鸯、双胞胎、暗暗、量量、晾晾

23：和尚、暗杀、扼杀、爱上

24：耳屎、盒子、饿死、碍事、暗室、儿时

25：二胡、耳闻、安慰、安稳、额外

26：二流子、二柳、二楼、耳肉

27：耳机、暗器、爱妻、儿媳

28：恶霸、俺爸、荷花、饿吧

29：阿胶、二舅、鹅脚、二酒

30：三轮车、三凌、山洞、三十岁

31：鲨鱼、三姨、山芋、上衣、善意

32：扇儿、仙鹤、山梁、伞儿

33：伞伞、珊珊、扇扇、散散、山山

34：山石、绅士、膳食、善事、山势

35：珊瑚、散雾、山谷

36：山路、山鹿、山麓、上流、上楼

37：三七、山鸡、生气、疝气、山区

38：妇女、沙发、伤疤、三把

39：三舅、999感冒灵、山脚、散酒

40：司令、四轮、小汽车、奥迪

41：司仪、四姨、死鱼、丝衣

42：柿儿、撕耳、银耳、思儿

43：雪山、死山、四扇、四伞

44：狮子、石狮、死尸、石室

45：食物、水壶、水母、丝物、饰物

46：饲料、石榴、撕肉、四柳

47：司机、死棋、湿气、石器

48：扫把、雪花、驷马、石坝、石马

49：石臼、四舅、雪球、四酒

50：五环、武林、武士、巫师、舞狮

51：五一、舞艺、武艺、五姨

52：吾儿、木耳、捂耳、五儿

53：乌纱、乌山、牡丹、钨砂

54：武士、巫师、钨丝、舞狮

55：呜呜、木屋、屋屋、捂捂

56：蜗牛、物流、涡流

57：武器、雾气、母鸡、木器

58：苦瓜、舞伴、我爸、58同城

59：五角星、五舅、捂脚、木角

60：榴梿、六连环、留恋、流量

61：六一、蝼蚁、牢狱、摇椅

62：驴儿、驴耳、刘海、六两

63：硫酸、流沙、流散、六扇

64：流食、律师、螺丝、理事

65：锣鼓、尿壶、露骨、颅骨、流亡

66：溜溜球、露露、姥姥、绿豆、溜溜

67：楼梯、油漆、漏气、陆战棋

68：喇叭、腊八、萝卜、刘邦、留疤

69：猎狗、烈酒、辣椒、太极、漏酒

70：麒麟、欺凌、骑士、启事、奇石

71：奇异果、七一、奇鱼、骑鱼

72：企鹅、妻儿、弃儿、旗儿

73：奇山、鸡蛋、奇伞

74：骑士、气势、奇石、气死

75：起舞、器物、奇物、奇屋

76：气流、汽油、骑驴、奇柳、奇楼

77：七喜、漆器、机器、棋棋、奇器

78：西瓜、旗袍、气泡、奇葩

79：气球、祈求、妻舅、奇酒

80：巴黎、百灵、白磷、柏林、花环、巴士、宝石

81：白蚁、白药、白衣、八一建军节、布衣

82：把儿、板儿、八两、白脸、白垩、白鸽

83：爬山、花生、宝山、宝扇、白鲨

84：巴士、84消毒液、宝石、白蛇

85：宝物、蝙蝠、巴乌、宝屋

86：白露、白鹭、白鹿、八路、白柳

87：白旗、白漆、宝鸡、巴西、把戏、八旗

88：爸爸、拜把、宝宝、粑粑

89：白酒、芭蕉、八角、把酒

90：酒瓶、酒令、"90"后、丘陵、酒食、旧诗

91：球衣、就医、旧衣、旧椅

92：球儿、旧案、韭儿、救儿

93：旧伞、巨鲨、九三学社、救伞、救生圈

94：教师、教室、礁石、狗屎、狗食

95：救火、救我、旧货、旧物、九五

96：酒肉、酒楼、酒篓、旧楼

97：酒器、酒气、酒起子、香港

98：酒吧、酒保、旧报、酒包

99：舅舅、旧酒、九十九朵玫瑰、啾啾

2. 更换设计自己喜欢的编码

在以上参考编码图像中找不到满意的数字组合时，就可以按照前面讲的三种设计方法来设计自己独有的编码图像。

在设计编码的过程中，建议大家优先考虑形似法。因为我们对编码训练的最终要求是达到"消声"，而形似法是更容易达到消声状态的一种方法。因为形似法在编码设计的过程中就已经忽略了数字本身的发音，而是根据数字的外形来设计图像。所以在看到数字的瞬间，最容易直接在大脑中形成图像。比如，看到"11"，自然就能想到"筷子"的形象。

对于无法用"形似法"设计出编码图像的数字，再考虑谐音法和代替法。但不管用哪种方法来设计编码图像，请大家切记一点，设计出来的一定是图像，而不能是一个词语。

比如，"41"可以用谐音法定义为"司仪、死鱼、丝衣"等有形象的物品，

而不能定义为"思议、肆意、四亿"等抽象的词语。

3. 优化形成自己的编码体系

100个数字编码设计完成后，并不是就永远不变了。随着应用，你会发现其中有部分编码并不适合自己，容易发生混淆、遗忘等。这时候，就需要对这些编码进行优化。所谓优化就是对部分编码进行修改和替换，使其更适合自己的思维习惯。

我们可以整体分析编码中有没有形象接近的图像。比如，如果编码图像中有"牛、羊、马、驴"，这是不可以的，因为这四种动物的图像太接近了。

可能有些读者会说："不会啊，这四种动物不可能分不清啊？"

现实中我们每个人都可以轻松地分清以上四种动物，但是当进行快速记忆和回忆的时候，很多情况下图像能在大脑中留下的只是个模糊的轮廓。记忆速度越快，轮廓就越模糊，就越容易发生混淆。

如果是"一头牛"和"一辆车"，那么无论图像轮廓多模糊，就都可以在大脑中轻松区分了。"一只牛"和"一个西瓜、一只大鸟、一个杯子、一件衣服"等也可以轻松地区分。

所以，在整个数字编码系统中，一定不能有形象非常接近的图像。比如，"蛇"和"蚯蚓"、"壁虎"和"鳄鱼"、"老虎"和"狮子"、"黄瓜"和"苦瓜"、"校服"和"球衣"、"足球"和"篮球"等。如果在你的编码系统中有以上情况，建议更换其中的一个。

另一个很容易出现的问题是，很多人在设计编码时喜欢用人物。比如，"31——三姨""41——四姨""29——二舅""39——三舅"等。个人不太建议使用这类编码。因为人物的形象区别太小了，特别是当你自己在现实中没有上述亲属的时候，更是绝对禁止使用以上人物。

对于其他的人物形象，建议大家最好找到一个具体的人物，而不是采用一个笼统的人物称谓来代替。比如，"94"对应的编码图像是"教师"，你就要找一个具体的"教师"形象，可以是现实生活中自己非常熟悉的一位老师，也可以是自己从影视作品中看到的某位教师。总之，像"教师、医生、司机、司仪、司令、妇女"等具有人物属性的图像，一定要对应到一个具体的人身上，在大脑中要有清晰的性别、高矮胖瘦、穿衣风格等形象，形象越具体，记忆的效果就越好。

四、数字编码的熟悉策略

确定了自己的100个数字编码图像以后，就需要用尽可能短的时间来熟悉这套编码体系。设计编码系统的初衷是让我们在看到数字的时候，能够快速地在大脑中形成图像，以及在回忆大脑中的图像时，能够快速地还原出对应的数字。也就是说，能够在大脑中快速地实现"数字"和"图像"的互译。

那究竟多快才能达到使用的要求呢？世界记忆大师在训练的时候，从看到数字到大脑中出现对应的图像，只需要0.2秒。如果我们没有参加竞技比赛的计划，只是自己应用，建议训练到1秒之内。

以下给出几种快速熟悉编码的训练方法。

1. 通过按顺序回忆熟悉编码

从00开始，到01、02、03……98、99，依次把图像串联起来，然后在大脑中不断反复地回忆图像，直到整个回忆过程非常顺利、流畅、不出现卡顿为止。然后尝试从99开始，到98、97、96……01、00，倒着回忆，同样做到流畅、不卡顿。

在此基础上不断加快速度，争取从00到99正向回忆一遍的时间少于1分钟、然后突破30秒、20秒，甚至更快。再尝试倒着回忆，同样不断加速。

这个训练可以让100个编码的图像在大脑中越来越清晰，越来越形象、生动。

2. 通过读码训练熟悉编码

所谓读码，就是眼睛看到一个两位数字，大脑用最快的时间反应出其对应的编码图像。这项训练与前一项训练不同的是：前一项训练是按顺序进行，而读码训练一般采用随机数字组合。比如，可以拿圆周率 π、$\sqrt{2}$、$\sqrt{3}$ 等无限不循环小数来进行读码训练，或者使用计算机随机生成的数字序列。

在读码训练的初期，建议把数字排列成两位一组的形式，中间用"-"隔开，如下图：

$$3.14-15-92-65-35-89-79-32-38-46-$$
$$26-43-38-32-79-50-28-84-19-71-$$
$$69-39-93-75-10-58-20-97-49-44-$$
$$59-23-07-81-64-06-28-62-08-99-$$
$$86-28-03-48-25-34-21-17-06-79$$

中间也可以用空格隔开，如下图：

3.14 15 92 65 35 89 79 32 38 46

26 43 38 32 79 50 28 84 19 71

69 39 93 75 10 58 20 97 49 44

59 23 07 81 64 06 28 62 08 99

86 28 03 48 25 34 21 17 06 79

在读码的过程中，可以边读边用铅笔做标记。如果遇到某个数字组合长时间不能在大脑中反应出对应的图像编码，就用铅笔在上面做个标记。对于那些多次读码均出现卡顿的数字，建议更换该数字的编码图像。

3. 通过记忆回忆熟悉编码

可以尝试用串联的方法记忆一部分数字（后面的章节中还会讲到如何用定桩法记忆数字），比如，串联上面的圆周率前100位（50个图像串联）。

待串联后的图像记忆熟练且准确后，尝试边回忆大脑中的图像，边默写对应的数字。

回忆图像默写数字和读码训练互为逆过程。一个是训练看到数字大脑内反应出对应图像的速度，另一个是训练根据图像反应出对应数字的速度。

这两项训练是相互促进，相互提高的。一般情况下，经过几个小时，最多几天的训练之后，就可以达到秒级内的互译。达到这种速度后，基本能满足一般的应用需要了。

五、扑克牌编码的方法

扑克牌的记忆是国际脑力锦标赛的比赛项目之一。在不了解记忆法的人眼中，记忆扑克牌是件非常不可思议的事情，因为扑克牌不仅有花色，还有点数，而且同一个点数还有四种不同的花色。这让洗乱的扑克牌看上去不仅数量大，而且有很高的相似性。

所以能够短时间内记住一副洗乱的扑克牌的顺序，在普通人眼中是件非常厉害的事情。其实扑克牌的记忆和数字的记忆并没有太大的区别。记忆扑克同样要用到编码技术，就是为每张扑克牌都固定一个对应的图像编码。

一副扑克去掉两张王牌之后（按照国际惯例，在比赛和表演时均不用王牌），剩下的52张牌对应52个编码图像。只要熟悉了扑克牌对应的编码图像，那记忆扑克牌就变成对这些编码图像的记忆了。

接下来为大家介绍几种国内比较流行的扑克编码图像的设计方法。

1. 数字转换法

数字转换法是目前国内用得最多的扑克编码方法。为了大家能够更好地理解这种方法的思路，我们先来简单介绍一下扑克牌的组成。

知识拓展

目前国内使用的扑克牌大部分为54张，这也是世界上使用最为广泛的一种扑克牌。在西班牙、俄罗斯、日本等国家有56张、40张、36张、32张等其他类别的扑克牌。本书以54张一副的扑克牌为准。

一副扑克牌包括：2张王牌、40张点牌（从A到10称为点牌）、12张花牌（J、Q、K称为花牌）。

点牌和花牌又分为四种花色，分别是：黑桃、红桃、梅花、方片。其中黑桃和梅花为黑色，代表的是夜晚；红桃和方片是红色，代表的是白天。四种花色分别代表春夏秋冬四个季节。扑克牌有52张，寓意一年有52周，扑克上所有的点数加起来是364，加上一张王牌（大）正好是一年的365天。另一张王牌（小）在闰年的时候使用，就变成366天。

了解了上面的扑克牌常识后，就可以根据扑克牌的花色和点数来设计扑克牌的图像编码了。

主流方法：二次转换法。

二次转换法是目前国内使用最多的一种扑克牌编码方法。所谓二次转换，就是先把扑克牌转换成一个两位数字，再把数字转换成对应的编码图像。

例如，"红桃9"先转换成两位数"29"，再把"29"转换成对应的编码图像"红酒"。

那扑克与两位数之间的对应关系如何呢？

首先，把扑克牌的花色转换成数字。其对应关系如下：

黑桃 → 1   红桃 → 2   梅花 → 3   方片 → 4

其次，把扑克牌的点数转换成数字。其对应关系如下：

A → 1　　　　2 → 2　　　　3 → 3　　　　4 → 4　　　　5 → 5

6 → 6　　　　7 → 7　　　　8 → 8　　　　9 → 9　　　　10 → 0

最后，我们把花色对应的数字放在十位上，点数对应的数字放在个位上，就可以把扑克牌转换成对应的两位数了。如：

黑桃7：黑桃转换成"1"，7点转换成"7"，两位数字合并后得到两位数"17"。

梅花3：梅花转换成"3"，3点转换成"3"，两位数字合并后得到两位数"33"。

有两个特例需要大家注意：一是"A"对应的数字是"1"，二是"10"对应的数字是"0"。四张10一定要特别注意，其转换成个位数后是"0"。如：

方片A：方片转换成"4"，A点转换成"1"，所以对应的两位数是"41"。

红桃10：红桃转成"2"，10点转换成"0"，所以对应的两位数是"20"。

这是二次转换的第一次转换：由扑克转换为数字。

第二次转换是把得到的数字按照前面所讲的数字编码的知识转换成对应的编码图像。如上例中的几张扑克牌：

黑桃 7	→	数字17	→	仪器
梅花 3	→	数字33	→	雨伞
方块 A	→	数字41	→	丝衣
红桃 10	→	数字20	→	耳环

第一次转换　　　第二次转换

可能很多朋友会问："那J、Q、K怎么转换呢？"

扑克牌中的12张花牌，有几种转换的思路，下面列出两种供大家参考。

思路一：将扑克牌的花色定义为"5、6、7、8"，点数定义为"1、2、3"。即：

黑桃的J、Q、K转换成数字时，十位数一律为"5"。

红桃的J、Q、K转换成数字时，十位数一律为"6"。

梅花的J、Q、K转换成数字时，十位数一律为"7"。

方片的J、Q、K转换成数字时，十位数一律为"8"。

四张J转换成数字时，个位数为"1"。

四张Q转换成数字时，个位数为"2"。

四张K转换成数字时，个位数为"3"。

如：

黑桃K：黑桃为"5"，K为"3"，转换成的两位数为"53"。

梅花J：梅花为"7"，J为"1"，转换成的两位数为"71"。

思路二：重新对这12张扑克牌进行编码，完全不考虑数字的因素，而是直接重新定义12个新的图像。比如，可以是12个人物，或者12种物品。只是在定义的时候，建议把人物或者物品分为三大类，J、Q、K分别占一类。如：四个K定义为四个男神（K是king的首字母），四个Q定义为四个女神（Q是queen的首字母），四个J定义为四个勇士或侠士（J是jack的首字母）。

2. 其他的编码方法

有些大师认为，二次转换法需要耗费的脑力成本太高，在短时间内很难做到快速出图，于是有人采用下面的方案对扑克牌进行编码，希望能实现一次转换出图。

谐音转换法。根据扑克牌的发音进行编码。如：很多人会把红桃9说成"红9"，跟"红酒"的发音相似。于是就把它定义为"红酒"。类似的还有："黑桃7"谐音为"黑漆"，"梅花5"谐音为"花舞"等。

代替转换法。根据扑克牌的形状或者含义进行编码。如：红桃2牌面上的图像是两颗红心，很容易让人联想到爱情，所以就把"红桃2"的图像定义为与爱情相关的物品。"梅花10"牌面上的图像是满满的梅花，像是一片片的树叶，可以把"梅花10"定义为"大树"或"森林"。如果在某些游戏或者电影中的某些人物角色或者卡通形象与扑克有关，也可以用它们来定义。

随意定义法。按照自己的理解来定义。比如，有人觉得黑桃像个盾牌，有人觉得方片像宝石等，这些都可以。你可以按照自己的理解任意地定义图像编码。

总之，无论采用哪种方法来定义扑克牌的图像编码，我们都要遵循一个原则，就是方便记忆且图像清晰。最终目的是能在看到扑克牌角码的一瞬间就在大脑中产生对应的图像。

整张扑克牌

角码

3. 小技巧

很多朋友跟我反映说："老师，有没有什么办法记住黑桃是1，红桃是2这些规则啊？我还是容易记混，怎么办呢？"

说实话，对于如此简单的内容，只要稍微花点时间和精力就能记住。但是如果非要找点技巧，想偷点懒的话，也是有捷径的。

大家可以观察一下上面的四种花色，你们有没有发现什么特点？

黑桃：上面有一个角，或者说一片叶子。

红桃：上面有两个角，或者说两片叶子。

梅花：上面有三个角，或者说三片叶子。

方片：一共有四个角，或者说四片叶子。

这样是不是一下子就记住了呢？

知识拓展

如果读者有兴趣去记忆麻将牌，可以用同样的方法对麻将牌进行编码。中国麻将共分为四种花色，分别是：

万花牌：从一万到九万。

饼花牌（筒花牌）：从一筒到九筒。

条花牌：从一条到九条。

其他牌（风牌、字牌）：东风、南风、西风、北风、发财、红中、白板。

麻将牌与扑克牌不同的是，麻将只有34种牌，每种牌有4张一模一样的。

所以，只需要将上面的四种花色分别定义为1、2、3、4，放在十位上，那麻将牌就可以用数字编码的11~19、21~29、31~39、41~47来对应了。

这样看来，麻将牌的记忆似乎比扑克牌的记忆简单很多。

六、扑克牌编码的熟悉策略

扑克牌编码的熟悉与数字编码的熟悉过程非常相似，目的都是让自己在看到扑克牌角码的一瞬间能在大脑中出图，训练方法都是反复地"读"。

读牌与读数字一样，只是读牌的时候，我们一般建议拿扑克牌实物来练习。拿一副扑克牌，去掉大小王牌，把剩余的52张牌洗乱，然后一张张地进行读牌训练。

刚开始训练的时候，可以盯着整张牌训练。等自己对扑克牌编码基本熟悉之后，为了更好地提高速度，应该采用只看角码进行读牌的方式。

扑克牌的读牌训练和数字的读码训练是有区别的。前面我们提到，大部分人采用二次转换法进行编码。在这种机制下，扑克牌的读牌速度要比数字转换慢得多，同时消耗的脑力也要多得多。

所以，扑克读牌要经过更长时间、更大数量的训练之后，才能慢慢由二次转换变成直接出图。即：看到扑克牌的角码，直接反应出对应的图像编码，而不再需要中间的"两位数"作为辅助（如下图）。

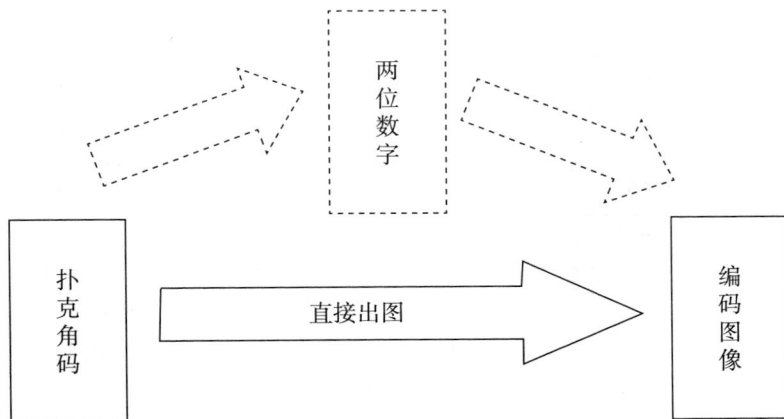

两位数字

扑克角码 → 直接出图 → 编码图像

现在我们用思维导图来总结一下图像编码技术的知识要点和技术核心。

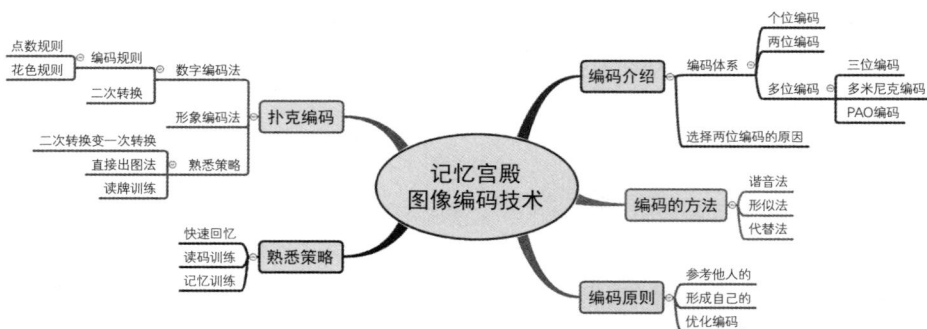

作业

必修内容一：请默写出自己的100个数字编码图像（建议尽量画简笔画，不要写汉字）。

数字	图像	数字	图像	数字	图像	数字	图像	数字	图像
00		15		30		45		60	
01		16		31		46		61	
02		17		32		47		62	
03		18		33		48		63	
04		19		34		49		64	
05		20		35		50		65	
06		21		36		51		66	
07		22		37		52		67	
08		23		38		53		68	
09		24		39		54		69	
10		25		40		55		70	
11		26		41		56		71	
12		27		42		57		72	
13		28		43		58		73	
14		29		44		59		74	

数字	图像	数字	图像	数字	图像	数字	图像	数字	图像
75		80		85		90		95	
76		81		86		91		96	
77		82		87		92		97	
78		83		88		93		98	
79		84		89		94		99	

必修内容二：请默写出自己的52个扑克编码图像（建议尽量画简笔画，不要写汉字）。

扑克	图像	扑克	图像	扑克	图像	扑克	图像
♠ A		♥ A		♣ A		♦ A	
♠ 2		♥ 2		♣ 2		♦ 2	
♠ 3		♥ 3		♣ 3		♦ 3	
♠ 4		♥ 4		♣ 4		♦ 4	
♠ 5		♥ 5		♣ 5		♦ 5	
♠ 6		♥ 6		♣ 6		♦ 6	
♠ 7		♥ 7		♣ 7		♦ 7	
♠ 8		♥ 8		♣ 8		♦ 8	
♠ 9		♥ 9		♣ 9		♦ 9	
♠ 10		♥ 10		♣ 10		♦ 10	
♠ J		♥ J		♣ J		♦ J	
♠ Q		♥ Q		♣ Q		♦ Q	
♠ K		♥ K		♣ K		♦ K	

训练内容一：请读出下列数字对应的图像编码，并记录下所用的时间。

55	68	85	60	86	99	43	70	63	15	24
94	46	14	85	87	14	45	47	22	76	71
70	62	89	46	90	24	11	97	89	71	68
42	06	58	20	73	18	62	42	87	49	61
32	89	56	41	88	96	93	83	18	65	25

读码所用时间：（   ）分（   ）秒

50	81	04	38	97	87	46	29	17	17	76
34	19	55	41	12	13	47	95	91	19	62
92	39	17	53	44	34	91	57	62	45	70
25	16	53	12	68	86	60	75	59	72	19
10	13	44	46	95	62	32	81	73	16	73

读码所用时间：（   ）分（   ）秒

65	23	70	59	30	47	57	70	72	18	57
75	51	21	43	74	54	72	70	70	8	22
87	32	01	38	92	58	84	99	48	29	52
46	51	85	80	84	57	15	84	26	74	61
84	52	70	23	18	52	21	36	79	29	75

读码所用时间：（   ）分（   ）秒

训练内容二：请找一副扑克牌，拿出大小王牌，将剩余52张洗乱，进行读牌训练，并记录下所用的时间。

第1次洗乱牌读牌所用时间为（   ）分（   ）秒

第2次洗乱牌读牌所用时间为（   ）分（   ）秒

第3次洗乱牌读牌所用时间为（   ）分（   ）秒

第五节　图像定桩技术

图像定桩是一种图像存储技术。前面几节讲到的图像转换技术、图像编码技术都是将文字、符号等信息转换成图像的技术。而图像定桩技术是将转换出来的图像保存在大脑中的技术。

串联技术也是图像存储技术的一种，它的缺点是速度慢，串联的数量有限制。当需要非常快速、高效地存储图像或者需要记忆的图像数量非常多时，串联技术就有些难以应对。

图像定桩技术能很好地解决速度和数量这两个难题。也正是因为有了图像定桩技术，记忆大师们才能够在一小时内记住几十副扑克牌、几千位随机数字。

本节将从地点桩的规划和地点桩的应用两个角度为大家讲解图像定桩技术。

一、地点桩的本质

1. 地点桩是什么

地点桩的本质是什么？为什么非要用地点桩来记忆图像呢？

如果把需要记忆的图像看作我们日常生活中的各种物品，那么地点桩就是用来保存这些物品的容器。

比如，我们要保存一件衣服，要么叠好放到箱子或抽屉里，要么用衣架挂到衣柜里，要么挂在墙壁的挂衣钩上，要么就直接随手扔到沙发上、床上或者房间的其他位置。总之，要有一个东西来承载这件衣服，不可能让它悬浮在空中无依无靠。那用来承载这件衣服的物品（挂衣钩、沙发或者地板）就是地点桩。

同样，我们要保存一个"老虎"的图像，就需要让老虎有个安身之处，这个用来保存"老虎"图像的位置就是地点桩。

所以，**地点桩的本质，就是一个用来承载图像的着力点。**

为什么非要用"着力点"这个词语来定义？因为在实际应用中，把图像保存到地点桩上的时候，实际是快速地把图像朝地点桩上一扔，然后图像就与地点桩之间产生了一个链接。产生链接的过程实际就是地点桩和图像这两个物体之间相互产生一个力的过程。

就像前面提到的"老虎"图像，我们可以想象"老虎向前一扑"，那么，由谁来承载老虎扑过来的这个力呢？如果没有东西承接这个力，老虎就会扑个空，这个扑的动作就会失真，甚至从大脑中消失不见。因为"扑了个空"，没有物体来承担这个动作，后面就没有办法继续想象了。

但如果有一个地点桩（如一个桌子、一个窗户、一台电视机等）来承接老虎扑的动作，大脑自然就会产生一个被老虎扑到以后的画面。这时候老虎的图像就和地点桩的图像非常紧密地连接到一起了。

2. 地点桩应用初体验

现在我们尝试用图像定桩技术按顺序记忆下面的词语，来感受一下这种方法的奇妙之处。

橘子、彩笔、油条、菊花、卫星、蚂蚁、葫芦、火苗、酒店、龙虾

在记忆以上词语之前，需要先找到10个地点桩。我们就从下图中找出10个可用的物品。

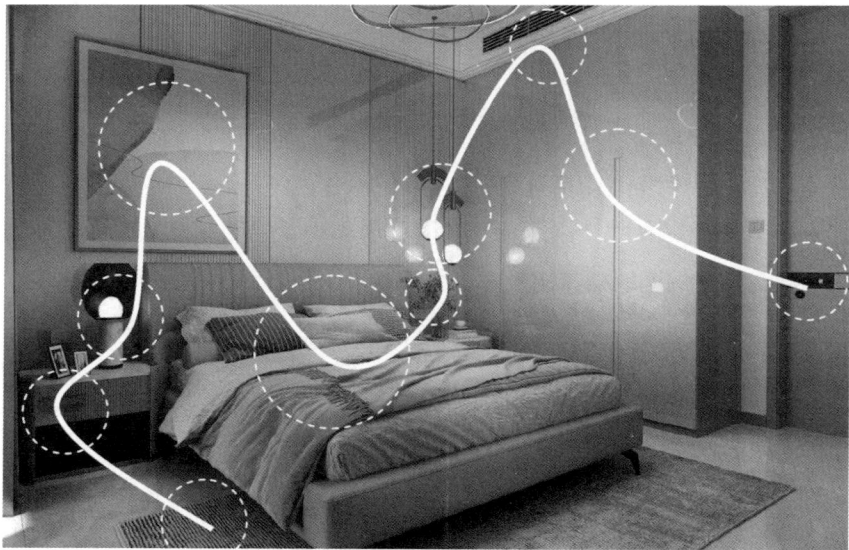

我们从右向左依次记下10个地点：

门→衣柜→空调出风口→吊灯→绿叶→床→装饰画→小台灯→抽屉→地毯

闭上眼睛，尝试回忆一下，看能不能按顺序回忆出以上10个位置的图像。如果能够按顺序准确地回忆出来，就可以继续下一步。如果感觉图像还不够清晰，或

者顺序还不够准确，就再用眼睛盯着上图的曲线复习几遍。

使用定桩记忆法的前提是有地点桩，并且熟悉地点桩。这也是很多人觉得非常麻烦的地方，因为要提前花很多额外的时间和精力来记忆地点桩。但是当你的大脑中已经储备了足够多的地点桩以后，再来记忆信息时，就可以随意从大脑中提取一个房间（或者一组地点桩图像）来记忆，这时候效率就会明显提高了。

现在我就用上面的地点来记忆刚才的10个词语。

定桩记忆法其实是图像串联的一种特殊应用。图像串联是多个图像做连续的串联，即A连接B、B连接C、C连接D……如此一直串联下去。而定桩记忆法的串联是把需要记忆的物品的图像与地点桩的图像进行串联，即A连接1、B连接2、C连接3……

下面来看实例。（串联过程不再做详细描述，直接给出串联后的图像。）

橘子→**门**→把一堆橘子砸到门上

彩笔→**衣柜**→拿着一只巨大的彩笔在衣柜门上胡乱地画

油条→**空调出风口**→把油条挂到空调的出风口，满屋子都是油条味

菊花→**吊灯**→吊灯上开满了菊花

卫星→**绿叶**→一颗卫星悬浮在绿叶上转来转去

蚂蚁→**床**→床上有一只超大的蚂蚁（或者一群蚂蚁）

葫芦→**装饰画**→装饰画上长出来一只葫芦

火苗→**小台灯**→小台灯上面正在冒着红火苗

酒店→**抽屉**→打开抽屉，里面有一座酒店的模型

龙虾→**地毯**→地毯上爬满了龙虾（或者一只超大的龙虾）

需要记忆的图像与地点桩图像一对一串联连接的过程，就被称为"定桩"。"定"是固定，就是把需要记忆的图像"固定"到地点桩上。

完成了定桩过程后，就可以尝试按照顺序回忆每个地点桩上面链接的图像。

门→

衣柜→

空调出风口→

吊灯→

绿叶→

床→

装饰画→

小台灯→

抽屉→

地毯→

如果能够按顺序回忆出这10组图像，那就尝试按顺序默写出10个词语吧。

（　　　）→（　　　）→（　　　）→（　　　）→（　　　）→

（　　　）→（　　　）→（　　　）→（　　　）→（　　　）

3. 图像定桩技术与图像串联技术的区别

通过上面的体验我们可以了解到，只要大脑中的地点桩足够多，就可以记住更多的信息。但图像串联法却有所不同。

虽然图像串联法理论上也能无限制地串联下去，但是在实际应用的过程中，当图像达到一定数量时，其难度和出错的概率就会大幅增加。

比如，用图像串联法记忆圆周率，对一般人来说，100位、200位就是极限了。我曾经花了很长时间来挑战串联记忆的极限，却只能记到1000位。我知道的最高纪录来自我的一位师弟，他曾经用我分享的"多位镜头法"将圆周率串联记忆到了5000位。但这要付出太多的时间和精力，只可作为挑战，实际应用价值并不大，因为随着串联图像的增加，其中出现重复图像的概率就会越来越大。

在圆周率的前100位中，"28、38、79、32"等数字已经出现了两次或者两次以上，而且在100位之后，这些数字组合还会再次出现。所以有些数字在前1000位中就会出现四次、五次甚至更多次。这势必给大脑分清图像的位置造成很大的困难，这也是串联到一定程度就很难再继续下去的主要原因。

串联的另一个弊端是，复习的时候必须从头开始。一旦有一个节点出现遗忘，就会无法继续向下进行。这使串联的容错率非常低，对于竞技比赛和表演来说，这是非常致命的。

图像定桩记忆法则能非常完美地解决这些问题。

只要大脑中的地点桩是清晰的，是有区分度的，就算一组数字出现五次、十次，甚至更多次，它们跟不同的地点桩图像链接后形成的图像组合都是独一无二的。这种方式很好地解决了图像容易发生混淆的问题。

即使在回忆的时候，某个或者某几个地点桩的图像发生遗忘，也只会影响该地点桩自身所链接的图像，对后面的地点桩上保存的图像没有任何的影响。所以图像定桩法记忆的内容不会出现"一个忘掉，全部断掉"的情况。这个特点在实际的竞技比赛和表演过程中非常重要，可以确保在回忆答题的时候能够得到尽可能多的分数。

图像定桩记忆法还有一个优点，只要大脑中的地点桩数量足够，就可以无限地记忆更多的信息。所以记忆大师们的大脑中一般都有几千个地点桩，有些特级记忆大师和高手甚至会在大脑中构建一万个甚至几万个地点桩。

4. 记忆宫殿的概念

当大脑中的地点桩越来越多的时候，我们就可以把一个个的房间组合联系起来，形成一个有层级的、有关联的建筑，就像是一套别墅中的不同房间，或者是一个更大的宫殿。

此时，我们为大脑中存储的海量地点桩取了一个非常有特点的名称，叫"记忆宫殿"。

在后面的章节中，我们还会专门为大家讲解如何更快、更好地打造自己的记忆宫殿，如何更有效地管理大脑中海量的地点，如何做到快速寻址和定位等。

这些知识和技巧的前提是"海量"。所以，我们首先要学习的是如何找到这些地点桩。

二、地点桩的分类

1. 人体地点桩

人体地点桩是最好的地点桩。因为每个人最熟悉的地点就是自己的身体，所以从自己的身体上找到有特点的部位当作地点桩来用，是非常方便的。

一般情况下，人体桩只能用来记忆数量不多的信息。比如，可以从身体上找到12个可以用来当作地点桩的部位。

头顶→眼睛→鼻子→嘴巴→耳朵→肩膀→双手→前胸→后背→屁股→小腿→

双脚

现在请大家先闭上眼睛，自"头顶"开始按顺序把以上12个部位回忆一遍。如果想加强印象，可以一边用手触摸对应的身体部位，一边回忆对应的图像。

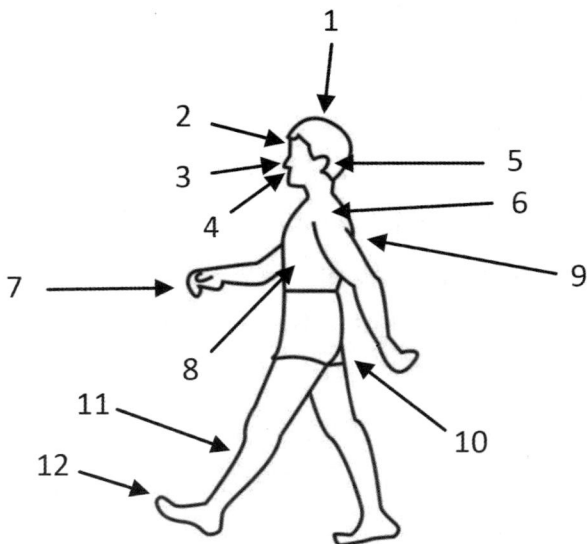

有了这12个地点桩，就可以用来记不超过12个的信息元素了。比如，我们用身体桩来记忆中国的"十二生肖"。

子鼠、丑牛、寅虎、卯兔、辰龙、巳蛇

午马、未羊、申猴、酉鸡、戌狗、亥猪

记下12种动物的名称和顺序非常简单，其实只靠声音记忆重复几次就能记下来。但如果要把前面的地支名称也记下来，就有很大的难度了。

下面我们就用身体桩和谐音法，来记忆十二生肖。请大家一边阅读下面的文字描述，一边在大脑中想象出对应的图像。

头顶→**子鼠**→头顶上放着一块紫薯（子鼠）

眼睛→**丑牛**→两眼睁得很大，就为瞅一只牛（丑牛）

鼻子→**寅虎**→鼻子里钻出来一只银虎（寅虎）

嘴巴→**卯兔**→嘴里咬着一只兔子，结果满嘴是毛（卯兔）

耳朵→**辰龙**→著名影星成龙（辰龙）在咬我的耳朵

肩膀→**巳蛇**→肩膀上趴一条死蛇（巳蛇）

双手→**午马**→双手捂着一匹马（午马）

前胸→**未羊**→前胸正在给一只羊喂奶（未羊）

后背→**申猴**→背后有一只猴子在伸懒腰（申猴）

屁股→**酉鸡**→屁股底下坐着一只油炸的鸡（酉鸡）

小腿→**戌狗**→一只被驯服的小狗在小腿间绕来绕去（驯狗，戌狗）

双脚→**亥猪**→双脚一跳，结果不小心踩死（害死）了一只小猪（亥猪）

现在请大家闭上眼睛，快速地回忆一下上面的12组图像。

如果大家能够顺利地回忆起这12组图像的话，就可以尝试来回忆出十二生肖了。

可能有些朋友会问："我虽然能够用谐音法记住这十二生肖的名称，但是这些字我还不会写啊？这该如何来记呢？"

虽然记住这些字也有一些取巧方法，但是我不太建议这样做。我更建议使用的方法是用眼睛看着这12个字（其实大部分是常用汉字的偏旁部首），再联系到常用的汉字，写上一遍，就可以记下来了。

子、丑、寅（演）、卯（柳）、辰（振）、巳（巴）

午、未、申、酉（酒）、戌（成）、亥（该）

把这些偏旁部首与常用汉字联系起来记忆，就简单多了。

好了，现在来尝试默写一下十二生肖吧。

1.＿＿＿＿＿　2.＿＿＿＿＿　3.＿＿＿＿＿　4.＿＿＿＿＿

5.＿＿＿＿＿　6.＿＿＿＿＿　7.＿＿＿＿＿　8.＿＿＿＿＿

9.＿＿＿＿＿　10.＿＿＿＿＿　11.＿＿＿＿＿　12.＿＿＿＿＿

如果需要记忆的元素数量超过12个，但是不超过20个，我们也可以用身体桩来记忆，只需要在身体上再找几个有特点的部位就可以了。

比如：

头顶→眼睛→鼻子→嘴巴→耳朵→后脑勺→肩膀→上臂→手肘→小臂→

　双手→前胸→肚皮→后背→后腰→屁股→大腿→膝盖→小腿→双脚

2. 实景地点桩

实景地点桩是指自己亲自去过的房间、景区、商场，或者其他场景。实景地点桩的特点是令人身临其境、印象深、图像清晰、体验度好。所以，实景地点桩是最容易熟悉的，特别是自己的家、办公室，自己最熟悉的亲人的家、办公室等。

由于实景地点桩可以达到秒级之内的熟悉程度，所以经常被用于竞技比赛或者现场表演。因为实景地点桩数量不多，所以往往把很多非常好用的实景地点桩称为"黄金地点桩"。

实景地点桩并不限于室内的房间。室外的广场、自己家的小区及周边大型的购物中心、娱乐场所或者旅游景点等都可以作为实景地点桩来用。

比如，当我们站在某个景点的某个位置时，可以看到如上图的景象。我们可以从上图中找到一些可用的标志性建筑当作地点桩。

（在实景中找地点桩的一些原则在本书随后的章节中有专门的介绍。）

3. 虚拟地点桩

虚拟地点是指虽然没有亲自去过，但是可以通过图片、照片、视频等看到的场景，我们也可以从中找出可用的地点桩。

虚拟地点桩和实景地点桩不一样的是体验度不够，图像的清晰度略差。但是虚拟地点桩最大的优点是可以无限增加，因为网络上可以搜索到大量的图片。这些图片可以是房间或者外景的照片，可以是影视作品的截图，还可以是一些游戏或者绘画作品。❶

---

❶ 本书中所用的部分图片取材于网络。——作者注

例如：

　　当然，并不是每一幅图片都可以当作地点桩来用。在搜索图片的时候，并**不能以画面美不美作为挑选的依据，而要以画面上有足够多有特点的地点为原则**。像美丽的雪山、雪原、大海、天空等，虽然很美，但是不适合当作地点桩来用（如下图）。

4. 数字地点桩

数字地点桩是直接用数字编码的图像作为地点桩来用。数字地点桩严格来讲不属于地点，但是可以具备"地点桩"的功能，可以通过与图像进行串联达到存储信息的目的。我们习惯把数字地点桩简称为"数字桩"。

因为大部分人都在使用"两位数编码"系统，所以我们一般认为数字地点桩只有100个。又因为数字编码有严格的顺序（从01到99、00），所以数字桩经常用于记忆一些有严格顺序且数量很多的信息（人体桩一般用于记忆不超过20个元素的信息）。

数字桩除了容量大（有100个地点桩）之外，还有个最明显的特点就是寻址快，可以瞬间定位到指定的顺序号上。

在上面所讲的实景桩、虚拟桩和人体桩中，如果需要快速定位到第n个地点，还是需要在大脑中沿路径进行寻址的。就算路径已经非常熟悉了，也有一个先找到路径再沿路径向后移动寻找的过程。

但是数字桩就可以瞬间直接到达指定的地点。因为每个数字编码的图像我们都已经非常熟悉了，所以只需要直接从大脑中调出数字编码的图像，就相当于找到了对应的地点桩的图像了。

数字桩的应用也很广泛，比如，流传最广的一个例子——"三十六计"的记忆就是数字地点桩的典型应用。（因此例已被大量的书籍、教程、视频等引用，在此不再重复。）

我们用下面的例子来为大家演示如何用数字桩记忆数量多且对顺序有严格要求的信息。

中国各大省份面积排名（前20位）：

01 新疆	06 黑龙江	11 陕西	16 贵州
02 西藏	07 甘肃	12 河北	17 江西
03 内蒙古	08 云南	13 吉林	18 河南
04 青海	09 广西	14 湖北	19 山西
05 四川	10 湖南	15 广东	20 山东

第一步，回忆一下"01-20"的数字编码图像，为了讲解上的统一，暂且采用

笔者的数字编码图像。

01 铅笔	06 哨子	11 筷子	16 石榴
02 铃铛	07 镰刀	12 婴儿	17 仪器
03 弹簧	08 葫芦	13 医生	18 腰包
04 国旗	09 勺子	14 钥匙	19 药酒
05 钩子	10 棒球	15 鹦鹉	20 鸭子

第二步，利用图像转换技术，将20个省份的名称转换成图像。

01 **新疆** → 新家（一个全新的小房子模型）

02 **西藏** → 雪山（珠穆朗玛峰）

03 **内蒙古** → 蒙古包

04 **青海** → 青海湖

05 **四川** → 四条船（川）

06 **黑龙江** → 黑龙（黑色的龙）

07 **甘肃** → 甘蔗（甘）

08 **云南** → 云彩

09 **广西** → 逛戏（谐音法）

10 **湖南** → 烧煳的南瓜

11 **陕西** → 兵马俑

12 **河北** → 喝杯（一个装满水的杯子）

13 **吉林** → 鸡林（一群鸡跑进了树木）

14 **湖北** → 护贝（保护一个贝壳）

15 **广东** → 光动（一束光在动）

16 **贵州** → 一条纯金的小船（贵舟）

17 **江西** → 姜稀（用姜做的稀饭）

18 **河南** → 河里漂南瓜

19 **山西** → 山上插着一根吸管（山吸）

20 **山东** → 山洞

第三步，用数字编码的图像与上面转换出来的图像做一对一串联链接。

01　**铅笔**：用铅笔在一个全新的房子模型上涂颜色

02　**铃铛**：用一个超大的铃铛把一座雪山盖了起来

03　**弹簧**：在弹簧上装了一个蒙古包（想象出蒙古包在弹簧上晃动的感觉）

04　**国旗**：在青海湖边上有一面国旗迎风飘扬

05　**钩子**：用一个巨大的钩子钩住了四条船

06　**哨子**：哨子一吹，一条黑龙从哨子里钻了出来

07　**镰刀**：用镰刀砍甘蔗

08　**葫芦**：葫芦里冒出来好多云彩

09　**勺子**：拎着一把大勺子去逛戏园子

10　**棒球**：用棒球的球棒用力地敲打一个烧煳的南瓜

11　**筷子**：用筷子夹起一个兵马俑

12　**婴儿**：一个婴儿举着水杯喝水

13　**医生**：一个医生把一群鸡赶进了树林

14　**钥匙**：用一把大钥匙放到贝壳上面把贝壳保护起来

15　**鹦鹉**：一只鹦鹉在跟随一束光的动作跳舞

16　**石榴**：一条金色的小舟撞到了一个石榴

17　**仪器**：一个烧杯里面装了些用姜熬制的稀饭

18　**腰包**：河里漂满了南瓜，用腰包去捞南瓜

19　**药酒**：大山上有一根吸管，从里面吸出来好多的药酒

20　**鸭子**：一只鸭子从山洞里晃晃悠悠地走了出来

现在尝试按数字编码的图像回忆一下，看能不能准确地回忆出这20组图像，以及这20组图像代表的省份名称。

01　铅笔：对应的图像　→　代表的省份名称：（　　　　）

02　铃铛：对应的图像　→　代表的省份名称：（　　　　）

03　弹簧：对应的图像　→　代表的省份名称：（　　　　）

04　国旗：对应的图像　→　代表的省份名称：（　　　　）

05　钩子：对应的图像　→　代表的省份名称：（　　　　）

06　哨子：对应的图像 → 代表的省份名称：（　　　）

07　镰刀：对应的图像 → 代表的省份名称：（　　　）

08　葫芦：对应的图像 → 代表的省份名称：（　　　）

09　勺子：对应的图像 → 代表的省份名称：（　　　）

10　棒球：对应的图像 → 代表的省份名称：（　　　）

11　筷子：对应的图像 → 代表的省份名称：（　　　）

12　婴儿：对应的图像 → 代表的省份名称：（　　　）

13　医生：对应的图像 → 代表的省份名称：（　　　）

14　钥匙：对应的图像 → 代表的省份名称：（　　　）

15　鹦鹉：对应的图像 → 代表的省份名称：（　　　）

16　石榴：对应的图像 → 代表的省份名称：（　　　）

17　仪器：对应的图像 → 代表的省份名称：（　　　）

18　腰包：对应的图像 → 代表的省份名称：（　　　）

19　药酒：对应的图像 → 代表的省份名称：（　　　）

20　鸭子：对应的图像 → 代表的省份名称：（　　　）

5. 文字地点桩

所谓文字地点桩就是利用一些熟悉的诗句、名言、谚语等作为地点桩。在实际应用时，可以把这些名诗、名句按字拆分开来，每个字作为一个地点桩来用。

如：春眠不觉晓。

把这句古诗拆分开来，每个字作为一个地点桩来用。

春 — 眠 — 不 — 觉 — 晓

可能很多朋友会问：如何把单个的文字作为地点桩来用呢？其实方法很简单，就是利用前面我们已经学习过的"谐音法"和"代替法"将单个字转换成一个有颜色、有形状的图像。

春 → 春花，想象一个开满迎春花的场景

眠 → 谐音为"棉"，想象一大团棉花

不 → 谐音为"布"，想象一块或者一卷布

觉 → 睡觉，想象一个躺在床上睡觉的人

晓 → 破晓，想象东方的天空刚刚变亮的样子

可能很多人会问，为什么"眠"不能用睡觉的图像呢？因为后面的"觉"要用"睡觉"的图像。如果"觉"换成另外的一个图像，如"觉醒、觉察"等，那"眠"就可以用睡觉的图像了。

还有一种文字桩比较特别，就是在头脑中放大文字，然后把文字笔画形成的各个区域当作地点桩来用。

比如，"文字"这两个字，放大后，可以从上面找到如下图所示的几个可用的区域。

在图中，不同的笔画的不同部位组成了不同形状，可以通过想象，把这些形状当作地点桩用。

这种方法对有些人来说，想象起来有些难度，并不能在大脑中清晰地记住每个区域的特点。大家可以简单体验，实际应用中还是以其他更清晰的地点桩为主。

6. 手绘地点桩

手绘地点桩即通过手绘的方式来构建一组地点桩。手绘地点桩的特点是自由，可以根据实际需要来任意设计地点桩的内容、数量、组合方式。

比如，需要记一首四句的小诗，就可以简单地画一幅有四个地点桩的简笔画来帮助记忆。如果需要记一段长的文字，就可以画一幅相对复杂的地点桩图像。

手绘的过程中，尽可能让画出来的一组地点桩是个有联系的场景。比如，山水风格、家居风格、表现某个活动或者事件等。在细节的处理上，可以根据需要在任意位置添加一些花花草草、装饰物、家具、摆设等，以达到所需要的地点桩数量。

手绘地点桩是最适合小孩子使用的一种记忆方法。每次记忆一段材料之前，先理解材料的大体意思，再根据材料的主题来手绘一幅画，然后在画上添加一些标志性的内容作为地点桩。这种方式可以不用提前储备地点桩，非常适合记忆短平快的材料。

7. 其他地点桩

其实万物皆可为桩。除了房间、场景、身体、数字、文字、手绘外，还有很多可以用来当作地点桩的物品。

比如，一辆车，可以把它分为车外部的"车头、车门把手、窗户、轮胎……"，以及车内部的"方向盘、座椅、仪表盘、空调口、天窗……"可以找出几十个标志性的部位作为地点桩。

再如，一个玩具、一件日用品，都可以作为地点桩来用。

一支钢笔，可以把它拆分为：笔尖、笔帽、笔杆、墨囊……

一块手表，可以把它拆分为：表带、摁扣、表盘、表壳、旋钮……

一双鞋子，可以把它拆分为：鞋带、扣眼儿、鞋面、前头、后跟、鞋底……

也就是说，只要我们认真观察，可以从任何东西上面找到可以用来帮助我们记忆的地点桩。

三、地点桩的规划原则

并不是随意什么东西都能当作地点桩。如果地点桩规划不合理，会造成在回忆地点桩时不流畅、不清晰甚至遗忘的情况。

以下是不同类型的地点桩在规划过程中应该遵循的原则。

1. 顺序原则

在一个场景中规划地点桩时，要遵循一定的顺序。对于顺序没有具体的方向要求，但必须要有自己的顺序习惯。

实景地点桩顺序：在实景中找地点桩时，一般建议按照行走路线进行规划。比如，可以按照某个房间进门后左转沿墙壁方向绕行一周或者右转沿墙壁方向绕行一周的顺序来规划（如下图）。

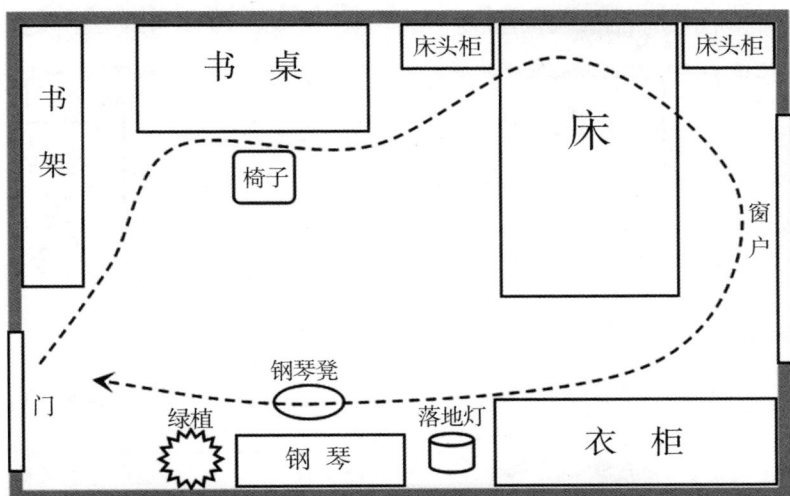

上图为进门左转的行走路线，依次经过：

门→书架→书桌→椅子→床头柜→床→窗户→衣柜→落地灯→钢琴→钢琴凳→绿植

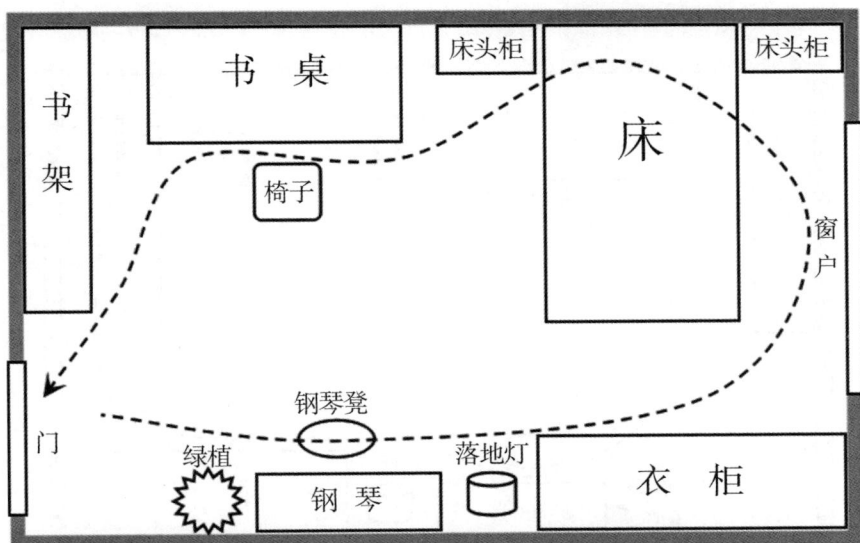

上图为进门右转的行进路线，依次经过：

门→绿植→钢琴→钢琴凳→落地灯→衣柜→窗户→床头柜→床→书桌→椅子→书架

还有一种思路是站在房间某个方便观察房间全貌的位置，按照从身体左侧或者右侧开始环视一周的路线进行规划（如下图）。

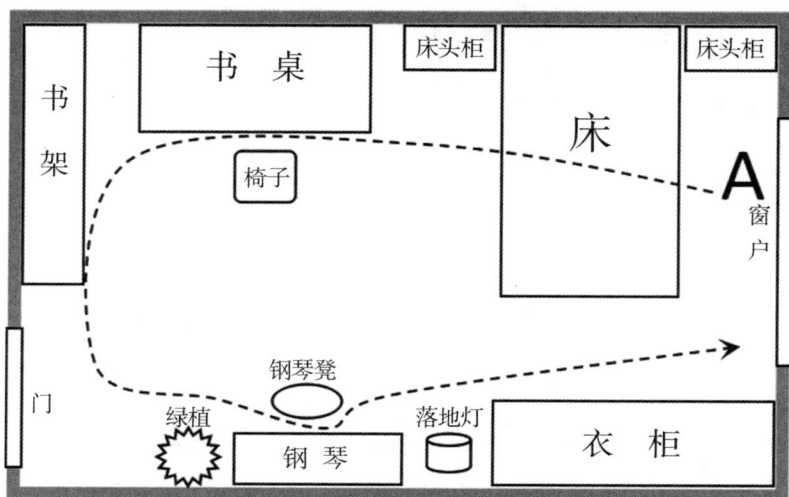

上图为站在A点从右侧绕行一周，依次经过：

窗户→床头柜→床→书桌→椅子→书架→门→绿植→钢琴→钢琴凳→落地灯→衣柜

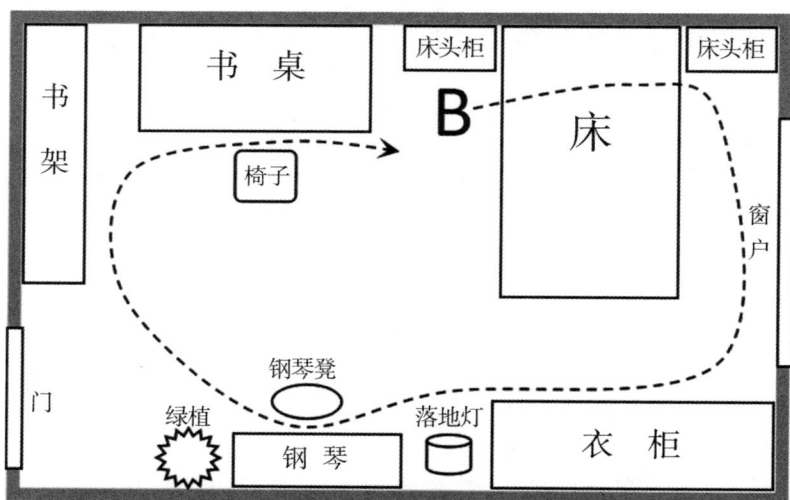

上图为站在B点向左侧绕行一周，依次经过：

床→床头柜→窗户→衣柜→落地灯→钢琴→钢琴凳→绿植→门→书架→书桌→椅子

虚拟地点桩顺序：可以从画面的一个角开始，沿螺旋线、环线等顺序进行规划。如下图的几种规划思路都是可行的。

手绘地点桩顺序： 手绘地点桩的顺序可以按照绘图的顺序或者绘图完成后，当成一组虚拟地点桩来对待。

如下图，从房子开始画起，房子即为第一个地点桩，然后依次拓展。

2. 统一原则

统一原则是指在规划地点桩时，尽可能做到地点桩与地点桩之间各项参数有统一的标准。统一原则包括三个层面的统一：**高度统一、距离统一、大小统一。**

对于实景地点桩来说，要尽可能遵循上面的三个统一。

高度统一，是指在房间里找地点桩的时候，尽可能采用高度接近的物品。一般情况下建议使用人眼平视范围内的物品，而尽量不要用房间的顶棚（天花板）上的灯和装饰物，地板上地毯、地垫等紧贴地面的物品等。如果选定的地点桩在不同的高度上反复跳跃，就会增加大脑回忆的时间成本，同时也会增加出错和遗忘的概率。

　　距离统一，是指两个地点桩之间的距离应尽可能做到相等。比如，在家居环境中找地点桩时，两个地点桩之间的距离均可以保持在1~2米。如果在1米的范围内找三个以上的地点桩，势必会造成地点桩特别拥挤，在回忆的时候可能相互之间会产生图像干扰。如果两个地点桩离得特别远，那在回忆的时候可能就会出现卡顿，很难做到连续、流畅地回忆。

　　大小统一，是指尽可能找大小差不多的物品。比如，在家居环境中找地点桩时，一般选取沙发、电视、窗户、床、冰箱、洗衣机等物品，而不建议选用墙壁上的插座、开关，桌子上的摆件、水杯，床上的枕头等作为地点桩。因为这些与前面的家具、家电的大小比例不符，容易造成图像的清晰度不够。在大小统一这一点上，要特别注意，不要选取有从属关系的物品作为地点桩。比如，选餐桌作为一个地点桩，那么餐桌上的盘子就不能再作为地点桩了。因为盘子本身就是地点桩餐桌上面的一个图像，盘子与餐桌之间存在一种从属关系，这种关系容易让后期在餐桌上保存的记忆图像与盘子保存的图像发生混淆。

　　在虚拟场景中找地点桩，与在实景状态下略有不同。

　　在虚拟场景中，对于统一的要求没有实景中那么严格。比如，对于大小统一，在实景中是按实际大小来区分的，而在虚拟场景中，特别是通过照片或者图片来规划地点桩时，一般是按照图片上显示出来的大小来区分。比如，现实中苹果小，与同一场景中的冰箱、洗衣机相比差别太大，不符合大小统一的原则。但是由于拍摄角度和位置的原因，近处的一个苹果显示出来的大小和远处的冰箱、洗衣机接近。在这种情况下，苹果和冰箱、洗衣机可以被视为大小统一。

　　相反，如果两个物品虽然在现实中大小接近，但是由于绘图或者拍摄的原因，其中一个物品在远离镜头的位置，显得非常小，那么这时候不建议把远处看上去很小的物品作为地点桩。因为它太小，所以图像放在上面就会不清晰。

3. 区分原则

区分原则是指在房间或者场景中选地点桩的时候，同样的物品只选一次。这样做主要是为了防止在后期用地点桩保存图像的时候，难以分清两个同样地点桩所链接的图像。

如下图中，有两个一模一样的椅子，那就只用其中的一个作为地点桩。

如果以上两把椅子都用作地点桩，一个椅子上坐着孙悟空，一个椅子上面有一条金鱼。由于地点桩"椅子"的图像是一样的，所以当记忆的信息多了或者时间久了，就难免分不清孙悟空是在哪把椅子上，而金鱼又是在哪把椅子上。

在自己家中找地点桩的时候，更要特别注意"区分原则"。家里经常会有同款的沙发、同款的床、同样风格的衣柜、同样风格的门窗，这种情况下就要有所取舍，尽量不要重复选择同样颜色、同样形状、同样材质的物品作为地点桩。

如果房间内物品太少，确实没有其他可以选择的物品，我们可以采取以下两种方法来使用同款的物品作为地点桩。

方法一：选取同款物品的不同区域作为地点桩。

还是以上图中的两把椅子为例来为大家说明：左边的椅子选用的区域是椅子背和椅子面的区域（椅子的上半部分），右边的椅子选用的区域是四根椅子腿组成的空间（椅子的下半部分）（如下图）。

方法二：通过想象改变其中一个物品原来的部分属性。

还是以上图的两把椅子为例，其中一把椅子就为它原来的样子，颜色、形状、材质等特点均保持不变。另一把椅子则通过大脑的想象，改变了特征。比如，将其想象成一把电脑操作椅，或想象成一把非常笨重的仿古风格的实木椅子等。

以上两种方法只是无奈之举，最好的策略还是避开使用同样的物品。

4. 静态原则

所谓静态原则，是指在选择地点桩的时候，只挑选那些有固定位置的物品，如大型的家具、家电、墙上的装饰物等。而不将经常变动位置的物品选为地点桩，如小型的盆景、玩偶、经常搬动位置的椅子、小家电等。家中的宠物、人不能作为地点桩来使用。但是有固定位置的宠物相关物品（如鱼缸、狗窝、鸟笼等）可以作为地点桩。

但是在虚拟地点桩规划过程中，可以完全忽略上述要求（如下图）。

照片中两个离镜头最近的人正在行走，是不符合静态原则的。但是由于这是一个虚拟地点（照片），在拍下这张照片的一瞬间，这两个人的位置就被固定下来了，因此我们在记忆这张照片的时候，人的位置也不可能再发生改变。

所以，对于虚拟地点（照片、图片、画作、游戏截图、影视作品截图等）上面出现的任何内容都可以作为地点桩来用，包括人、动物、交通工具，甚至浪花、云朵、烟雾等。

四、地点桩的管理

当大脑中的地点桩越来越多以后，我们该如何更好地管理它们呢？比如，是不是要有一定的顺序，需要不需要对它们进行编号呢？

一个记忆大师大脑中至少要有几千个地点桩，分布在几百个房间中，如何能够既准确又快速地记住这些房间的顺序呢？

这里给大家推荐一种非常简便易行的管理方法，可以简单称其为**房间主人管理法**。

1. 房间主人管理法

所谓房间主人管理法，就是给每个房间定义一个主人，通过联想把主人与房间结合在一起，形成一个整体。

比如，第一个房间（或者称为"1号房间"），我们可以给它安排一个主人"一休"。

假设第一个房间如下图所示。

这时候，就可以通过想象，让"一休"常住在上图的房间中。

从此以后，"一休"就成了这个房间的主人。这时候我们就需要记住这个房间的风格、摆设、色调等相关内容，当然还要按顺序记住在房间里找出来的地点桩。

可能有人要问，"为什么非要用'一休'呢？用其他的人物可否？"

当然可以，在其他的书籍中，笔者曾经推荐用"大爷、二奶、三叔、四姨、五哥、六姐、七仙、八戒、九妹、石人"这10个人物来管理10个经典的房间。每人负责一个房间，这也是可以的。读者也可以自行挑选自己喜欢的人物。

在挑选人物的时候，为了更方便记住人物的顺序，最好挑选一些有数字标志特点的人物，如上例中的"七仙女"可以直接和"7号房间"链接在一起，"猪八戒"就可以和"8号房间"链接在一起。

所以，这里选"一休"也是因为其名字中有个"一"字，方便我们轻松地记住他是"1号房间"的主人。

同样的道理，可以把其他房间的主人定义为（仅供参考）：

1号房间：一休

2号房间：熊二

3号房间：三毛

4号房间：四大天王

5号房间：武松

6号房间：刘三姐

7号房间：七个小矮人

8号房间：猪八戒

9号房间：酒仙李白

10号房间：石人

（"10号房间"也可以定义为"0号房间"，主人定义为"007"。）

利用以上管理房间的方法，可以轻松地管理10个房间。如果一个房间设置10个地点桩，就可以轻松地记忆100个地点桩，从而做到快速地定位到指定的地址。

比如，需要定位"第37号地点桩"，"3"就是房间号，"7"就是房间内的第7个地点桩。所以，"第37号地点桩"就是"三毛"的房间中的第7个点。

2. 房间特点定位法

除了房间主人管理法，还一种房间管理方法是**房间特点定位法**。就是根据每个房间的特点，找到房间中跟数字有关的点，以此来记住房间的序号。

比如，下图是一张虚拟地点桩图片。

在这个房间中，左下角的两把椅子的扶手组成的图像，与数字"3"非常相似（如下图），我们就可以把这个房间定义为"3号房间"。

在使用这种方法时，需要在定义房间前根据房间的布局特点，找到房间里与数字有关的点，再来定义房间的序号。而前面所讲的"房间主人管理法"可以先定义好房间的序号，再为房间分配一个主人。

以上两种方法各有特点，有的人觉得用人物管理更容易分清房间的顺序，有的人更擅长记忆房间抽象出来的数字特点。在实际应用中，应因人而异，通过快速回忆、快速寻找地点来体验，从而找到更适合自己的策略。

当房间的数量更多以后（达到几十个甚至几百个），可以把上面的方法进行升级，采用一种更先进、更科学的管理策略——"多重定桩理论"。利用此策略可以轻松管理上千个地点桩，具体的应用方法我们将在本书后面的章节中为大家详细地介绍。

下面用思维导图对本节内容进行总结。

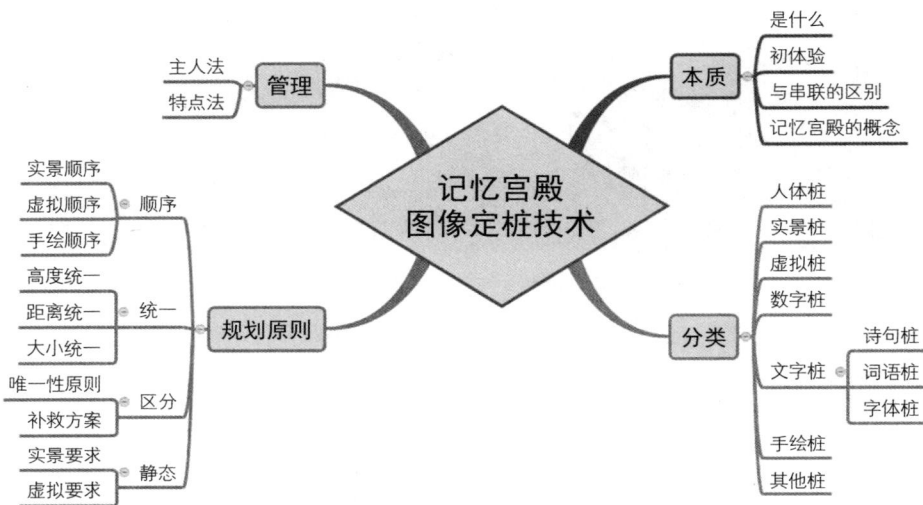

作业

必修作业一： 请在自己家中按顺序找出不少于30个地点桩，并画出房间布局及各个地点桩的草图。

必修作业二： 请找出10个有代表性的房间（场景），每个房间（场景）中找出10个地点桩，并为它们分别指定一个形象的主人。

房间序号	房间特点	房间主人
01		
02		
03		
04		
05		
06		
07		
08		
09		
10		

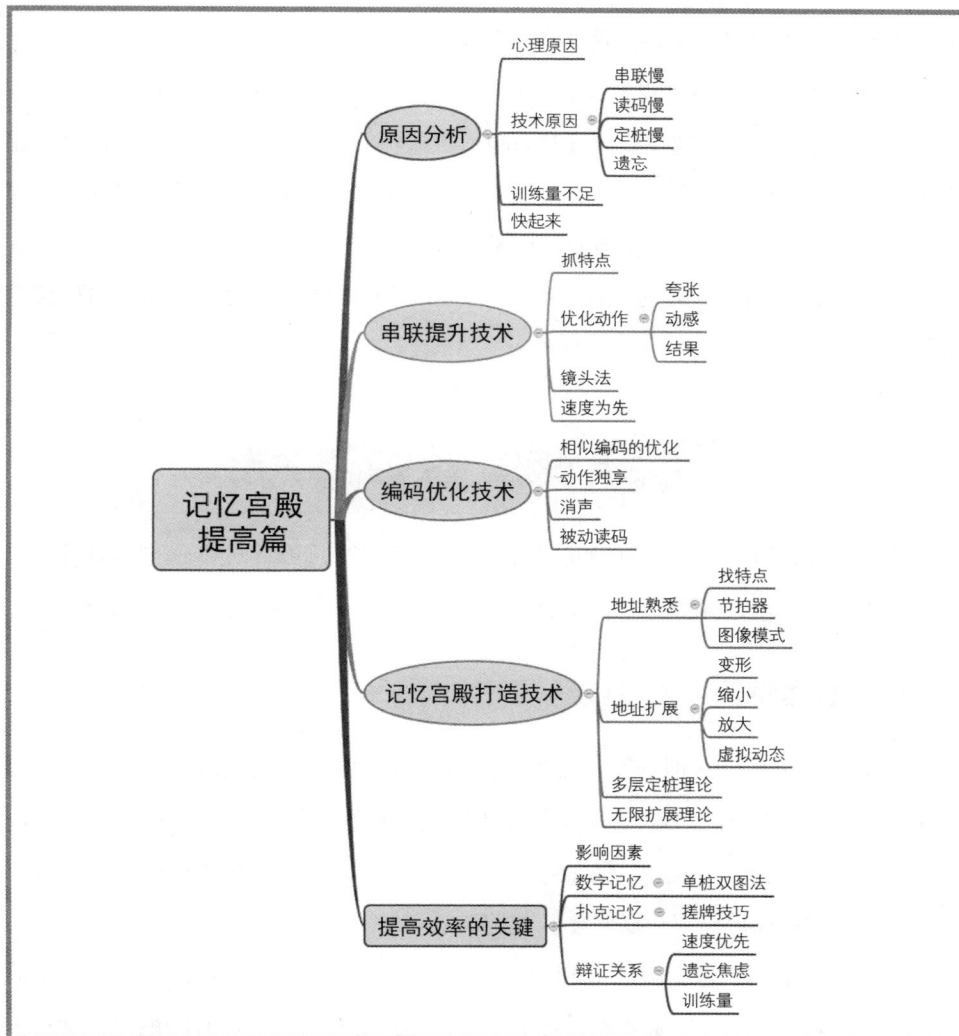

完成基础学习之后，我们大部分的时间和精力将用于训练。训练是个漫长的过程，同时也是个痛苦的过程。大部分人能够坚持把前面的理论知识学完，但是只有很少的人能够在训练阶段坚持到最后。

其实原因也很简单：学习的过程有老师讲，有人把控着我们学习的节奏和进度。这是个被动的过程。就算是被动学习，至少每次学习都会有新的知识来刺激我们的兴趣点，让我们每天都有激情把学习坚持下去。

训练则不同，它需要我们自发、自觉进行，而且每天训练的内容可能都是一样的，这会导致有些人越训练越没有兴趣。更重要的原因是，很多的人在训练的过程中，越训练越没有感觉，不知道自己有没有进步，不知道自己什么时候才能提高一个档次，甚至不知道自己是该坚持还是该放弃，或是什么时候会放弃。

这一章，我们将针对这些在训练过程中出现的疑问，分别从心理层面和技术层面进行分析和探讨。

第一节　速度慢的原因分析

当进入训练阶段以后，阻碍我们前进的最大障碍就是速度慢。速度一旦慢了，自信心和兴趣就会受到很大的影响。那到底是什么原因让我们训练的速度慢呢？

一、心理原因

很多人在正式进入训练阶段之后，随着训练的进行，发现自己虽然能够掌握方法，但是速度就是上不去。就拿最简单的图像串联来说，10个词语的串联，很多人在训练了很长时间以后，仍然突破不了30秒。那为什么有的人可以突破20秒，15秒甚至10秒，而自己却一直突破不了呢？

其实，在很多时候，并不是自己的能力不够，或者方法不对，而是自己不敢快，总想着只有彻底记住了才能进行下一步，这就是阻碍速度提升的最大绊脚石。

那为什么很多人不敢加速呢？这在一定程度上可能与有些人的性格有关系。很多人有一种优秀的品质，叫"脚踏实地"，他们无论做什么都不允许自己敷衍了事，必须认真、扎实地完成。

这里我想说的是，"加速"和"敷衍了事"是两个完全不同的概念。特别是训练图像串联的时候，只有把速度提升上去，才能发现自己在这个过程中的很多问题。而如果一直停滞在一个自己很满意的速度，很多技术处理的错误是发现不了的。

想解决这个问题，最简单的办法就是完全放弃准确率，哪怕10个词语串联只能记住3个也没关系，先尝试把速度强行提升到20秒甚至更快。

可以换一个轻松的思路：实验证明，如果同样用30秒时间来记忆一段信息，那每遍15秒记两遍要比30秒记一遍的效果好很多。

大家如果能接受上面的这个观点，就大胆地先把速度提上去。很快你就会发现，其实速度提升以后，只要稍加训练，准确率一样可以跟着提升。

二、技术原因

如果在记忆的过程中总觉得速度慢，从技术的角度分析，一般受下面四种情况影响最大。

串联速度慢

图像串联技术是图像记忆的根基，是大脑处理图像的最基础的技术。我们通过各种方式来训练大脑对图像进行串联的能力，不断优化图像串联的方式，都是为了提升图像串联的速度。不管是一对一串联、多个图像串联还是后面的定桩串联（定桩实际是串联的一种），每个有零点几秒的时间差，数量多了就会有几十秒甚至几分钟的差距了。所以我们反复地强调，一定要把图像串联的基本功练好、练到极致。如果串联的速度提不上去，后面的所有操作都会被拖后腿。

读码速度慢

图像编码是记忆数字、扑克牌等大量重复信息的关键。从我们看到数字、扑克牌的角码或其他原始信息起，到大脑反应出对应的编码图像，其速度的快慢决定了整体记忆速度的快慢。

这里给大家提供一个参考数据：**记忆一副扑克牌**（或者100位数字）**所用的时间是读一副扑克牌**（或者100位数字）**所用时间的三倍左右**。比如，我们读有100位数字的图像需要1分钟，那么就可以认为在3分钟左右的时间能记住这100位数字。如果读一副牌的时间是10秒，那么就能够在大约30秒的时间内记住一副牌的顺序。

知识扩展

中国选手邹璐建记忆一副扑克牌的时间是13.956秒，那么他读一副扑克牌的时间应该不超过5秒。

什么概念？

就是他5秒可以识别52张扑克牌对应的图像，平均一秒钟识别10张还要多，平均读牌时间不超过0.1秒。

其实大部分的记忆大师在训练数字编码的时候，都会用每张0.2秒的速度去训练。而且这并不是最高水平，只是"及格线"。

定桩速度慢

两个因素会影响定桩速度。一是跳桩的速度，即从一个地点桩跳到下一个地点桩的速度；二是挂桩的速度，即扑克、数字等对应的编码图像与地点桩进行结合固定的速度。

这两个环节，如果每个环节慢0.1秒，那么100位数字下来就要慢20秒，一副扑克牌记完就要10.4秒。如果每个环节慢1秒，是不是几分钟的差距就拉开了呢？

总是遗忘导致的速度慢

很多人在记忆的过程中，总是担心忘记前面的内容，所以边记忆边复习。总是反复地去复习前面记忆的内容，会导致整体的记忆节奏被打乱，最终的结果是越靠前面的部分记得越牢，但越后面的部分越生疏，记忆的效率非常低，甚至极有可能没法完成全部的记忆。

其实更多的人在这个过程中犯的错误是：在记忆过程中，虽然没有反复地去复习前面的内容，但是却总是担心前面的内容记不住。这一行为会导致大脑没有办法专注于记忆后面新的内容，同样破坏了正常的记忆节奏。这种非常隐秘的"总想去回忆和担心"的行为是最难发现的，也是比较难克服的。

三、训练量不足

虽然我们一直在强调要"刻意地提高速度",但是当训练量不足的时候,即使速度提上去,也不能达到好的训练效果。训练量是确保训练质量的最根本条件,没有足够的训练,一切都是空谈。

任何事物都有量变到质变的过程。就拿最简单的"10个词语串联"来说,当我们强行把速度提高到20秒左右,这时候如果只记一遍,可能只能记住不到一半的词语或者只能记住两三个词语。但是如果坚持按这个速度训练100组、500组以后,就能轻松地适应这个速度,并能准确地记住10个词语了。但是如果仅仅训练10组、8组,感觉完全没有办法跟得上这个速度,就放弃了训练,那肯定起不到应有的效果。

那究竟训练多少才能由量变到质变呢?这个点究竟在什么位置?只能说因人而异。一是跟训练时的专注程度有关,二是跟训练过程中的一些技术处理的细节有关。有的人可能训练几十组就能找到快速、流畅的感觉,而有的人需要训练上百组甚至几百组以后,才能慢慢适应这种节奏。

但是请大家记住不要在产生质变前就放弃。这一点是最重要的。很多人已经训练了300组了,可能再训练几十组,感觉就会来了,可惜在这个关键点上他们放弃了训练,前面的努力全都白费了。

这就如同去挖一个宝藏,很多人都说宝藏就在脚下。有的人挖了1米就放弃了,有的人挖了5米放弃了,有的人挖了10米才放弃,但他可能再坚持挖半米,宝藏就会出现了。所以我们一定要坚持到宝藏出现的那一刻。

那有什么办法能让我们坚持到宝藏破土而出的那一刻呢?又需要做哪些技术上的改进,能让我们挖宝藏的速度更快呢?

四、先让自己快起来

先让自己快起来,只求速度,不求结果。比如,练习读牌,之前好几秒钟读一张牌,只有个别的牌能在一秒之内反应出其对应的编码图像。没关系,我们可以先从一秒一张牌的速度开始,按这个速度去尝试,一口气读一整副牌。至于能够读出多少张、读对多少张，都不要在意，先让自己适应这种节奏。

速度刚开始提升时，错误率一定会非常高。没有关系，要告诉自己，这是速度提升后的正常现象。这时可以尝试用高速两遍记忆的策略来提升自己的准确率，以消除自己心理上的担忧。

可能有些人会提出疑问，两遍记忆所用的时间不就是两倍吗？那不同样意味着速度又慢了吗？其实不一样，我们提升速度是为了训练自己适应一种快节奏的记忆模式。比如，一秒记一组图像，或者一秒记两组，这个过程包括读码、串联、定桩等多个步骤。即使记两遍、三遍，也要保持这种节奏，就等同于用这种节奏训练了两遍、三遍。

等自己适应了这种快节奏以后，感觉就会慢慢找到了。再恢复到只记一遍的模式，准确率自然也跟着上去了。

作业

认真分析一下自己训练速度慢的原因，并列出下一步的训练计划、目标。

第二节　图像串联提升技术

一、抓住图像的特点

在串联图像的时候，要有重点。重点越清晰，串联出来的图像就越清晰，图像记忆得就越牢固。

何为重点？比如，被串联的两个图像是"老虎"和"柳树"，串联出来的图像可能有：

老虎跳到了柳树上。

老虎撞到了柳树。

老虎咬断了柳树。

老虎用尾巴扫倒了柳树。

以上几种串联想象都可以，但是每个串联都应该抓住图像的重点。

一棵柳树的图像原本是完整的，应该有树干、树枝，还有下垂的柳条。但是在应用串联的过程中，对于不同的联想图像，就要抓住不同的重点区域（部位）。如在"老虎撞到了柳树"这组图像中，柳树的重点应该是树干部分，要把图像想象的重心放到树干部位，是老虎撞到树干后的感觉、结果等。而树枝和柳条就成了点缀品，应该是可有可无的或者是模糊不清的。

另外，还要抓住图像的特点，比如，老虎独特的花纹、有力的尾巴、张开的大嘴、带有"王"字的脑袋等。找到一个你最熟悉且容易跟串联的图像相结合的特点，有助于提高图像的清晰度和牢固性。

二、优化图像的动作

串联主要是要靠动作，如果只是把两个不相关的物品（图像）一左一右或者一上一下摆放在一起，是很难形成牢固的链接的。所以在做图像串联的时候，一定要有清晰的动作，也就是要构建出动态的图像画面，这样才能使图像在大脑中更清晰。

在实际构建图像的过程中，可以参考下面的几种技巧。

1. 让图像的链接更夸张

前面我们已经提到过，大脑受到的刺激越强烈，记忆就越牢固。那怎样才能让串联出来的图像对大脑的刺激更强烈呢？其中一种技巧就是让图像夸张化。

如果我们想象出来的所有图像都是生活中经常见到的图像，都是中规中矩、符合现实逻辑的图像，就很难对大脑产生强烈的刺激。

相反，如果我们想象出来的图像十分夸张，要么超越现实的逻辑，要么违背现实的逻辑，那大脑受到的刺激程度就完全不一样。

比如，我们想象一只小鸟，如果是最普通的一只小鸟，那么它对大脑产生的刺激程度很低，而如果把小鸟想象得比一座楼还大，那大脑受到的刺激就强烈得多。

除了在大小方面做夸张的想象外，还可以通过改变物体的形状、硬度、颜色等属性来强化图像对大脑的刺激。

比如，一个比石头还硬的鸡蛋、一头绿色的大象、一个三角形的杯子等。

当然，并不是所有的图像都要用上述夸张的手法来处理，只需要在做图像串联联想的过程中，偶尔加入一些夸张的图像。特别是当有重复或者相似图像出现的时候，对其中的一部分使用夸张的想象，对区分图像的位置、强化图像之间的相互关系，有非常好的辅助作用。

2. 让图像链接的过程有动感

动态的画面比静态的画面更容易被记住，这就是看一段视频比看几张照片印象更深刻的原因。我们看电影时，对整个故事的情节、人物形象、场景、特效的记忆效果会比看一本画册要强不知道多少倍。所以，在做串联联想的过程中，也要尽可能构建动态的画面，来强化大脑对它的记忆。

比如，对"手机、桌子"这两个词语做串联，如果想象出来的画面是"桌子上放着一个手机"肯定是不可行的。在前面的章节中我们已经讲过，词语串联的时候要有主被动关系，以区分两个词语的先后顺序。所以在串联时应该是"手机为主动、桌子为被动"。

那能不能借用上面的夸张手法，把两个词想象成"一个超大的手机上放着一张桌子"？

这样想象没有问题，但是这样的画面对大脑的刺激还不够，因为这毕竟还是一幅静态的画面，我们最好是联想一个动态的画面。比如：

把手机扔到桌子上。（有一个手机从远处落到桌子上的动作）

用手机用力地砸向桌子。（有一个砸的动作）

手机飞向桌子，把桌子撞倒了。（有一个撞的动作）

这样动态的画面会比静态的画面给人的印象深刻得多。

当然，在进行多个词语串联联想的时候，并不是每个物品都需要动态的链接。但两个相链接的物品中最好能有一个物品是动态的，这能对整个图像的链接起到引领的作用。

3. 让动作产生一个有形的结果

在串联联想时，如果想让图像的画面感更强，对大脑的刺激更大，可以在采用动态画面的基础上，再增加一个有形的结果，这样效果就更加明显了。

何为有形的结果？就是在大脑中能以图像的形式展现出来的结果。

比如，前面例子中的"把手机用力地砸向桌子"，当这个画面在大脑中产生以后，紧接着出现的一个画面就是"结果"。

当然，可以想象一个正常的结果，即符合现实逻辑的结果，也可以想象一个不正常的结果，即不符合现实逻辑的结果。比如：

手机砸向桌子，结果手机屏幕碎了，外壳也变形了。（正常的逻辑）

手机砸向桌子，结果把桌面给砸了个大洞出来。（非正常的逻辑）

非正常逻辑的画面对大脑的刺激更大，因为新奇、少见。但是不建议在串联的过程中全部使用非正常的逻辑，这样会导致图像太乱，大脑无法分清。但是适当地使用这种不符合现实逻辑的想象，有助于提高大脑对图像的记忆程度。

当然，想象的结果未必是破坏性的。比如：

手机扔到桌子上，在桌子上翻滚了两圈。

手机扔到桌子上，桌子摇晃了几下。

手机扔到桌子上，又弹了起来。

但是，在想象的时候，不能使用没有画面感或者画面感不强的想象。比如：

手机扔到桌子上，结果把手机摔坏了。

"手机摔坏了"并不是一个非常清晰的画面。如果换成"手机摔碎了"，画面就清晰了很多。

夸张、动感、产生结果都是为了增加图像的清晰度，加强图像对大脑的刺激。这三种手法在实际串联联想的过程中要灵活运用，既不能完全放弃不用，也不能强行加入太多的画面，导致图像太复杂。

大家只要多加练习，就能慢慢找到一个合适的度，从而在串联的过程中，能更自然地去处理图像与图像之间的关系，使画面既生动有趣，又自然流畅。只有这样，才能让大脑对画面的记忆更加深刻。

三、巧妙地应用镜头

当对多个图像进行串联的时候，经常遇到这样的情况：串联到一定程度后，大脑的想象力就受到了限制，翻来覆去就是有限的几种想象。另外，过于复杂的想象会增加大脑的工作量，导致想象的时间成本和记忆难度随之增加。

经过一段时间的实践，我发现一种类似"镜头拍摄"的方法可以很好地辅助解决这个问题。

1. 镜头法的理念

镜头法就是借鉴电影、电视制作过程中的拍摄技术，巧妙地利用各种拍摄技巧，通过想象摄像机对镜头前的场景进行拍摄，并最终展示到观众面前，达到增强记忆的目的。

比如，"一个手机砸向桌子"，我们在想象时，可以想象在屏幕上首先出现的是一个很大的手机（类似于手机的特写镜头），然后随着手机被举起又砸下的动作，桌子从下方进入画面，手机砸中桌子。这时候可以根据自己的习惯想象画面中出现的是桌子的局部，还是整张桌子。

2. 多个图像串联的镜头处理

在处理多个图像串联的时候，镜头法应用起来非常方便。特别是当串联的图像重复的时候，镜头法可以有效减少混淆问题。

比如，有两个图像片段，其中一段是"小狗、手机、桌子"，另一段是"树叶、手机、米饭"。也就是说，在整个图像链中出现了两次手机。

对于这种情况，该如何区分手机后面链接的图像是"桌子"还是"米饭"呢？

一种处理方案是**把两个手机想象成完全不同的两种状态**。比如，第一个砸向桌子的手机是大哥大，而第二个扔进米饭里的手机是一个非常高档的智能手机。

这种处理方案非常简单易行，但是当重复的图像达到一定数量后，这种方案就很难实现了。因为大脑能够想象出来的"手机"的形象是有限的。换成其他的物品，道理也是一样的。

另一种处理方案是**镜头处理**。前面我们讲到的所有图像串联都是基于"两个图像"进行的，但是镜头法可以把画面扩展，让屏幕上一次出现三个甚至四个图像。比如：

第一个片段：小狗用嘴咬着手机扔到了桌子上。

注意，这时候在大脑的想象画面中，"小狗、手机、桌子"三个图像是同时出现的。显示的状态为：左边是小狗，右边是桌子，中间是一个从小狗的嘴里飞出来，慢慢飞向桌子的手机。

因为大脑中有"小狗"和"桌子"同时显示的画面，所以就很容易记清，被"小狗"扔出来的"手机"落在了"桌子"上。

第二个片段：从树叶上滑落下来一个手机掉进了米饭里。

同样，在这个片段中"树叶、手机、米饭"三个图像都在画面中。显示的状态为：上面是一片树叶，树叶上的手机滑落向下，掉进了下面的米饭中。

画面中"树叶"和"米饭"上下呼应。虽然两个图像之间没有发生直接的关系，但是由于镜头中同时出现了这三个图像，所以我们可以清晰地记得从这个"树叶"上滑落下来的"手机"是掉进了下面的"米饭"中。

在使用镜头处理的时候，除了可以区分重复图像的链接关系外，还可以加快图像回忆的速度。

比如，在回忆到第一个片段中小狗的部分时，可以快速地略过手机直接跳到桌子的图像。注意，不是跳过而是略过。也就是说手机的图像还存在，并不是小狗和桌子发生了直接关系，而是手机的图像在大脑中只是一闪而过，不需要详细地回忆，就可以直接回忆"桌子"后面的图像了。

此外，并不建议把太多的图像放进一个画面中，一般情况下以三或者四个为宜。图像太多时，可能会导致图像太过复杂，这样不仅不能起到帮助记忆的目的，还会引发混乱，影响大脑对图像记忆的准确度。

3. 巧妙运镜来链接图像

巧妙运镜可以使图像的链接更加自然。比如，对"楼房、老虎、大树、孩子"这四个词语串联的时候，可以巧妙地运用镜头的推、拉、移等手法，来增加图像的动感，从而快速、高效地完成图像的串联。

画面（屏幕）上首先是一栋楼房的房顶上有一只老虎，老虎从楼房上跳了下来。这时候想象**镜头**跟随老虎跳下的动作**向下移动**，直到下面的一棵大树（全景）**进入镜头**。老虎扑向这棵树，树拼命地晃动着（产生结果）。这时**镜头拉近**到这棵晃动的树，直到出现一个树的**局部特写**。其中一个树杈上趴着一个孩子。

镜头法熟练运用后，在多个词语串联的过程中，会有非常明显的帮助。它不仅能提高图像的清晰度、记忆的牢固程度，还可以大幅提高图像串联的速度。使用镜头法，可以让图像串联变得更加生动、有趣又高效。

四、速度为先原则

在进行图像串联时，特别是刚刚开始训练的时候，速度越快，准确率就越低。有些人因为准确率太低，而不敢采用很快的速度来串联。那应该如何来掌握速度与准确率之间的平衡呢？

1. 训练初期，只追求准确率，不追求速度

以10个词语串联为主，先追求准确率，不追求速度，争取达到一遍过。所谓一遍过，就是从第一个词语串联到最后一个词语，不再复习第二遍，然后马上闭上眼睛回忆，争取做到10个词语都能清晰、准确地回忆出来。

2. 训练中期，借助外力强迫自己提高速度

刚开始训练时，不要在意所用的时间，但是要记录下自己所用的时间。随着训练的进行，定期对比一下自己的速度是否有提高。如果速度在不断提升，就继续按这种方式进行训练。如果发现速度并没有提升，就需要**借助节拍器**来强迫自己提升速度。

比如，10个词语的串联速度停留在30秒左右就再也不能提升了。这时候可以把节拍器调整到2秒一拍，强迫自己在20秒内完成10个词语的串联。这时候准确率势必会下降，甚至会出现只能记住六七个甚至四五个词语的情况。

没有关系，继续按这个节奏去训练，慢慢地就能适应2秒拍的速度了。然后把节拍器陆续调整为1.5秒一拍、1秒一拍、0.8秒一拍。

每次调整，都会导致准确率下降，但是只要坚持按新的速度训练，一段时间后，准确率就会慢慢恢复到100%了。只是这个恢复期是一天、两天还是一周甚至更长时间，就要看个人的训练强度和对方法细节的把控了。

3. 训练后期，把词语数量增加到20个、30个

数量增加以后，用同样的速度只记一遍很难做到一个不错。这时候可以采用再次提升速度，记两遍的策略。

比如，在1秒一个的速度下记忆10个词语，可以做到100%正确。这时把速度提升到约0.8秒一个，然后记两遍。第一遍按0.8秒的速度记忆，第二遍快速地复习。第二遍可以不用节拍器，即使要用，也要用大约两倍快于第一遍的速度进行。

采用以上记忆策略后，就很容易把准确率再次提升到接近100%的水平了。

下面用思维导图对本节内容进行简要总结。

```
初期—准确率
中期—速度        速度为先                              抓特点        图像重点
后期—数量                                                          图像特点
                        记忆宫殿
是什么                    串联提升技术
多图像串联      镜头法                              优化动作        夸张
灵活运用                                                          动感
                                                                有形结果
```

作业

训练内容一： 请用本节所讲的优化提升技术，按顺序记忆下列词语。

电池，风车，垃圾桶，糖果，猩猩，

肥皂，窗帘，茶壶，长颈鹿，沙发，

粥，鸭子，直升机，玻璃杯，银行，

白酒，西红柿，玫瑰，公鸡，水果。

训练内容二： 请尝试用镜头法按顺序记忆下列词语。

鸭子，西红柿，箱子，鸭子，电话，

冰箱，西红柿，领带，风车，冰箱，

小米粥，肥皂，蝴蝶，鸭子，骰子，

海豚，药片，购车，玻璃杯，茶几。

第三节　图像编码优化技术

一、相似编码的优化

在策划设计编码图像的时候，难免会出现一些类似的图像。比如，编码中有"鹦鹉、仙鹤、鸽子、斑鸠"等各种鸟，有"老虎、狮子"等猛兽，有"牛儿、驴儿"等家畜，有"三姨、四姨、二舅、三舅"等亲属。这些图像的相似度太高了。

可能有些人会觉得，怎么可能分不清狮子和老虎呢？的确，在现实中每个智力正常的人都可以分清，但是当大脑在高速处理图像的时候，图像可能只是一个非常模糊的轮廓，这时候真的很难保证能够分清这些类似的图像。

比如，上图中的两个剪影，你能分清它们是什么动物吗？是猎豹？老虎？还是狮子？

其实在高速处理图像的时候，大脑中的图像虽然没有上图剪影这么夸张，但是相似度很高的图像在大脑中留下的感觉确实如上图这般。

如何解决这个问题？最根本的方法就是换成完全不一样的编码。但是事实上在编码设计的过程中，我们很可能已经把自己的创意消耗得差不多了，更换编码并不是一件容易的事。那如何在不改变编码的情况下，很好地解决图像相似的问题呢？

这里给出一种简单可行的方案，就是**突出编码区别于同类编码的特点**。

比如，三个图像编码"鹦鹉、仙鹤、鸽子"都属于鸟类，相似度很高。但是如果能够找到每个编码的特点，就很容易区分了。

比如：

鹦鹉，最有特点的就是它的嘴（喙）。

仙鹤，最有特点的就是它的大长腿。

鸽子，最大的特点就是那对象征和平的翅膀。

如果把图像的关注点放到上面这些关键的部位，而完全忽略掉身体的其他部位，就形成了非常有各自特点且完全不同的三个图像（如下图）。

即使把上面的图像变成剪影，我们也能非常轻松地分辨出来（如下图）。

对于人物编码，也要进行优化。比如，"47"的图像编码定义为"司机"。那司机作为一个人物编码，必须要具体。比如，司机是高、是矮、是胖、是瘦？是男、是女、是老、是少？要找一个具体的司机的形象。比如，某部影视作品中的司机角色，某部动画片中司机的卡通形象。总之要有个具体的形象。

还有一种思路，就是找一个与该职业相关的非常有代表性的物品来代表人物。比如，司机可以用"方向盘"来代替，其他与职业相关的人物编码也可以找有特点的物品来代替。以下提供一些参考。

13 — 医生 — 听诊器

38 — 妇女 — 口红

41 — 司仪 — 话筒

61 — 儿童 — 红领巾

74 — 骑士 — 马蹄

81 — 军人 — 坦克

94 — 教师 — 粉笔

对于"二姨、三舅"这种类型的编码，如果自己真的有二姨、三舅，可以使用他们具体的人物形象。但如果自己没有这些亲戚，则不建议使用这类的编码。

二、每个编码独享一个动作

要想让编码的图像清晰，最好是找出每个编码的特点。比如，上面所讲的"鹦鹉、仙鹤、鸽子"的例子，就属于找出编码特点的一种应用。

如果想要整体提高图像编码的质量，最好每个编码都找出其突出的特点。

比如：

"孙悟空"的特点就是虎皮裙或者金箍棒，它对应的典型动作是"用金箍棒戳"。

"和尚"的特点就是光头，对应的动作是"用光头撞"。

"鳄鱼"的特点是大嘴，对应的动作是"用嘴咬"。

"气球"的特点是椭圆形、容易爆炸的球，对应的动作是"爆炸出现"。

"楼梯"的特点是一阶、一阶的，对应的动作是"从上面滚下来"。

对每个编码图像都固定一个非常清晰且有独立特点的动作，可以大幅提高图像串联的速度。

比如，需要串联的数字是"2167"，对应的图像是"鳄鱼、楼梯"。由于前面的图像是鳄鱼，所以鳄鱼作为主动方，楼梯作为被动方。按照我们前面的建议，鳄鱼的动作是"用嘴咬"，所以这两个图像串联出来的画面就是"鳄鱼用嘴咬碎了一段楼梯"。

如果记忆的数字是"6721"，即上面两个图像的前后顺序互换。前面的图像是楼梯（主动），后面的图像是鳄鱼（被动）。我们仍然按照前面的建议，楼梯的动作是"从上面滚下来"，将两个图像串联在一起后形成的画面是"楼梯上滚下来一只鳄鱼"。

通过两个例子可以深刻地体会到，当每个数字编码的图像都有了一个固定的动作以后，图像串联出的画面就变成了一个自然的动作。这种做法不仅仅使图像处理的速度大幅提高，还让大脑中形成的画面的清晰度也更高了，与类似的画面有着明显的区别。

三、编码消声的技巧

所谓消声，就是当看到一组数字的时候，大脑中要尽快反应出数字对应的编码图像，而不是编码图像的名称。

我们来做进一步的解释。

比如，数字"56"对应的编码图像是"蜗牛"。我们选择"蜗牛"是采用的谐音策略，方便学习初期快速地记住编码与数字的对应关系。但是在大脑中要记住的是蜗牛的图像（形象），而不是"蜗牛"这两个字（声音）。

也就是说，消声的最终目的，是让大脑完全忘掉编码图像的名字，只留下图像本身。比如，数字"56"对应的图像是什么？**是一个带有螺旋状壳的长着两个触角的软体动物**。这个动物叫什么名字不重要，只要大脑里有这个动物的形象就可以了。如果能忘掉它的名字最好，这时候大脑记住的就只有它的形象（图像）了。

要想达到所有的编码都消声的境界，需要一个很长的过程。

一方面要刻意去记忆和研究编码的形象特点，多去观察和思考与编码有关系的图像、视频等，强化编码的图像感。

另一方面，通过刻意修改编码的名称（声音信息）来帮助大脑消声。如何修改呢？我的建议是刻意把编码图像的名字改得特别复杂，比如，上面所说的蜗牛不叫"蜗牛"，而叫"一个带有螺旋状壳的长着两个触角的软体动物"；鹦鹉也不叫"鹦鹉"，而叫"一种长着弯弯的像钩子一样的嘴巴的鸟"；诸如此类。

当编码图像的名字非常复杂的时候，大脑就会去逃避记忆和读取这些冗长的名字，而只去关注它们对应的图像信息（形象）了。这正好达到了我们所希望的"消声"的效果。

四、被动读码训练（节拍器）

编码的熟悉，需要通过反复地读码训练来完成。前面已经详细讲过读码的方法，这里想强调的是，当训练达到瓶颈的时候，需要再次借助节拍器来提升速度。

比如，主动读码（不用节拍器）时，读码的速度达到平均每组数字1秒后，后期再怎么增加训练强度和训练时间，也不能明显地提高了。这时候就需要节拍器上场了。

把节拍器调整到0.8秒一拍，然后强制自己每0.8秒换一组数字，不管是否能够跟随节拍器的节奏准确、及时地在大脑中反应出对应的编码图像，都要按这个节奏一组组读下去。

这时候主动读码变成了被动读码，即被节拍器的节奏赶着向前走。即使读100组数字下来，大部分的数字都不能及时反应出对应的图像也没关系，先把读码的速度提上来。

如何保证正确率呢？建议把100个数字编码图像进行分组，每组10个或者20个。在训练时，采用逐个突破的方式来进行。

比如，先训练"01~10"这10个编码。把这10个数随机打乱，反复训练。一直到对这组数字的读码速度能跟得上节拍器0.8秒一拍的节奏，再训练"11~20"，等合格了再训练后面的。直到100个数字的编码图像都能达到0.8秒一拍的读码速度。

这时候再把节拍器调整到0.5秒一拍，重复上面的过程。

然后就是0.3秒一拍、0.2秒一拍甚至更快。

大家千万不要小看节拍器的作用，只有在这种被动的情况下，人的很多潜力才能被激发出来。

下面用思维导图对本节内容进行总结。

作业

请优化自己的编码，并为每个编码定义一个独享的动作。

数字	编码图像	独享动作	数字	编码图像	独享动作
01			13		
02			14		
03			15		
04			16		
05			17		
06			18		
07			19		
08			20		
09			21		
10			22		
11			23		
12			24		

数字	编码图像	独享动作	数字	编码图像	独享动作
25			58		
26			59		
27			60		
28			61		
29			62		
30			63		
31			64		
32			65		
33			66		
34			67		
35			68		
36			69		
37			70		
38			71		
39			72		
40			73		
41			74		
42			75		
43			76		
44			77		
45			78		
46			79		
47			80		
48			81		
49			82		
50			83		
51			84		
52			85		
53			86		
54			87		
55			88		
56			89		
57			90		

数字	编码图像	独享动作	数字	编码图像	独享动作
91			96		
92			97		
93			98		
94			99		
95			00		

第四节 记忆宫殿打造技术

"定桩技术"是记忆宫殿三大技术中核心的技术。影响定桩技术好坏的主要因素是对地点桩的操控程度。其中：一是地点桩的数量，二是对地点桩的熟练程度，两者缺一不可。本节主要针对如何扩大地点桩的数量，如何更快速地熟悉地点桩这两个方面，为大家做一些深度的讲解。

一、地点桩的熟悉过程

在规划地点桩的时候，一般规划为10~30个一组。我们以10个一组来讲解如何快速地熟悉地点桩。

下图是记忆宫殿中的一个房间，我们先从房间中找出10个可用的地点桩。

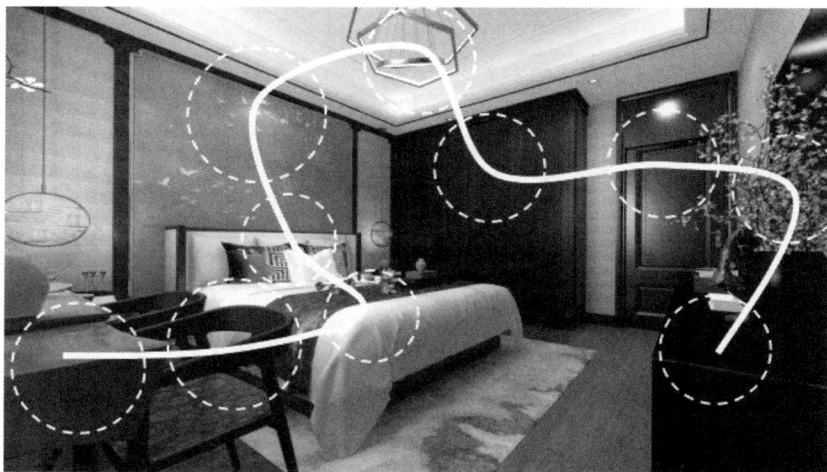

按上图的曲线，自左向右依次找出10个地点桩。

桌子→椅子→床尾→枕头→背景画→顶灯→衣柜→门→花→柜面

如何快速地熟悉并熟记这10个地点桩呢？

第一步，认真观察每个地点桩的物品的特点。

为了更好地记忆地点桩，需要认真、仔细地观察每个地点桩的特点。这就同在处理数字编码图像时的方法一样，要找到每个地点桩区别于其他地点桩的特点。

至于在找地点时，哪些是应该抓住的特点，完全可以遵照自己的喜好，只要在回忆时能够清晰地找出地点桩图像即可。

熟悉到一定程度以后，这一组地点桩（这一个房间）留在大脑中的图像不再是一个完整的房间，而是由一个个地点桩组成的既独立又相互联系的图像组合体。

大家可以参考下图的感觉，10个地点桩既各自独立，与其他地点桩的图像没有关联，又在位置和布局上相互联系，有自己固定的位置和前后关系。

第二步，借助节拍器，加快过桩的速度。

对每个地点桩的图像都有了很深的印象之后，需要反复地回忆各个地点桩的先后顺序。回忆的时候，先正向回忆，即从左边的"桌子"开始向右依次回忆。然后再逆向回忆，即从最右下角的"柜面"开始向左依次回忆。

这种按顺序逐个在大脑中回忆地点桩图片的过程被称为**过桩**。

过桩是对地点桩不断熟悉的过程。一般情况下，在用地点桩记忆数字、扑克牌等信息前，先在大脑中把地点桩过一遍，记忆的速度会更快。

在训练过桩的时候，要不断地加快过桩的速度。这时候可以像训练数字编码的读码一样，借助节拍器来达到被动加速的效果。

将节拍器设置成2秒一拍，每2秒跳一个桩，然后提速到1秒跳一个桩，再到0.5秒一个、0.3秒一个、0.2秒一个，甚至更快。最后达到沿着上图的曲线，1秒钟就能从第一个地点桩迅速地跑到最后一个地点桩。这种感觉就像是闭着眼睛，眼睛只是按上图曲线的大概样子转动了一下，10个地点桩就过完了。

第三步，通过图像模式来达到地点桩消声。

前面已经讲过编码的消声，地点桩也要消声。为什么？因为想要真正地提升对地点桩的熟悉程度，必须要彻底地把地点桩图像化。

何为图像化？

比如，第一个地点桩"桌子"，在大脑中留下的应该是"木质、平面、方形的物品"，至于这个物品叫什么不重要，大脑中有清晰的"颜色、形状、特征"的图像才是核心。

所以，在记忆地点桩的图像时，也可以借鉴数字编码图像处理时使用的方法，就是把"地点桩的名称故意复杂化"。

比如，"顶灯"这个地点桩，从一开始记忆的时候，就不要把这个位置命名为"顶灯"（我们前面给这10个地点桩分别命名，只是为了方便讲解）。最好没有名字。但是因为很多人在记忆的时候习惯一边默念地点桩的名称，一边在大脑中回忆，所以如果确实需要一个名字，可以故意取一个非常复杂的名字。比如，把"顶灯"取名为"一款主要由两个六边形金属框组成的可以发光的物品"。

在回忆地点桩的时候，要刻意回忆地点桩的图像特点。什么颜色？什么形状？什么风格？位于房间的什么位置？等等。

只有做到了消声，才能达到秒速以内的过桩。

第四步，逐步淡化先后顺序，变成一个整体。

随着对一个房间内10个地点桩越来越熟悉，可以尝试从一个、一个地过桩，变成每次过2个地点桩。

每次过2个地点桩并不是指每2个地点桩就停顿一下，而是在大脑中回忆的时候，同时出现两个地点桩。如上面的例子中，大脑中闪现的第一组地点桩是"桌子"和"椅子"。注意，这两个图像是同时出现的，且出现的状态是只有位置（左右）的区别，并没有时间的先后。这种状态下，只需要过5次桩，就能清晰地回忆一遍10个地点桩。

然后尝试同时出现3个地点桩、5个地点桩。到了一次过5个地点桩的境界时，每次大脑中同时出现的就是5个地点桩，这5个地点桩既是一个整体，又相互独立。

最后达到的境界就是闭上眼睛，整个房间的10个地点桩就像在眼前一样，不再需要一个、一个地按顺序回忆，就能如在眼前所见了。这时候可以任意地移动眼球上下左右地自由观看每个地点桩的形象。

注意！ 这时候，地点桩的形象和相互之间的位置关系是非常清晰的，但是不再有出现的顺序，而是完全同时显示在大脑中。

可能很多人会有疑问：那如何记得它们的顺序呢？

其实，大脑中如果还有那条用来标识顺序的曲线，我们就根本不用担心它们的顺序会乱。如下图所示，根据这条曲线，尝试一下回忆出任何一个点的图像。是不是根本不需要从第一个开始逐个来回忆呢？

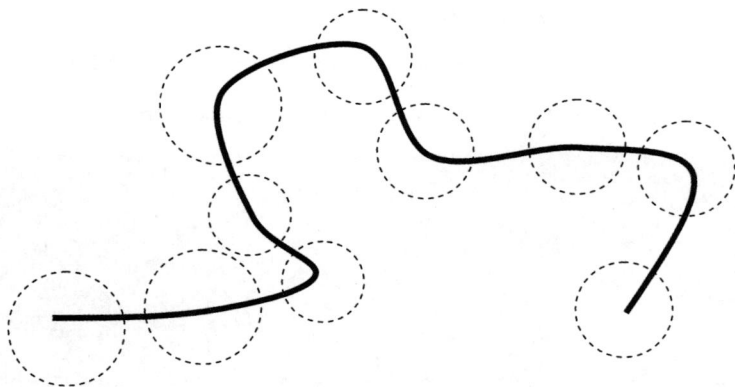

这时候，这个房间里的10个地点桩，也不再是独立的10个地点桩了，它就是一个房间，一个整体的房间。一个被大脑熟记了，如同身在其中的一个房间。

二、地点桩的扩展

如何找到更多的地点桩？上一章中我们讲过各种各样的地点桩，如身体桩、文字桩、数字桩等。但是实际能够用于竞技、表演或者作为储备用的地点桩，最好还是实景桩或者虚拟桩。

实景桩是地点桩的首选，因为它是从亲身去过的环境中找出来的，体验度最好，记忆的效果也好。但实际生活中我们每个人去过的地方或者说能够用于找地点桩的房间肯定是有限的。无非自己家、亲人的家、朋友的家，自己的办公室、别人的办公室，再加上一些公众场合，如公园、广场、超市、医院、车站、大街等。

其实还有很多可以用来扩展地点桩的方法。

第一种，变形的实景地点桩。

其实，实景桩并不一定要局限于某一个房间或者直观的场景，一些立体折叠的场景也可以作为地点桩来使用。

比如，从进办公大楼的门到进办公室的门的这条线路，其中包括大楼的门、大楼的门厅以及门厅里的标志性物品、电梯、走廊、办公室的门口等。

也可从一楼大厅开始，沿着另一条路到步行梯盘旋而上，其间可能绕来绕去直到办公室门口。这路上经过的所有标志性物品，都可以作为地点桩。

第二种，缩小的实景地点桩。

所谓缩小，是指本来是非常大的物品，如楼房、大树、广场、公园等，我们从更高的视角望去，把它们在大脑中缩小到如同在一个房间的状态。

比如，你站在一座高楼的某个房间的窗前，看到远处的场景如下：

这时候，就可以把这整个小区当成一个房间，而小区内的建筑、设施等标志

物就可以当作地点桩来用了。

第三种，放大的实景地点桩。

这种方法与上面的方法正好相反，就是可以把本来很小的一块区域，在大脑中进行放大，放大到如同一个房间一样，并从其中找到可用的标志物当作地点桩。

比如，一个摆满了各种物品的桌子、家中某个专门用来给孩子休闲娱乐的角落、一个造景鱼缸等。下图是把桌面模拟成一个房间。

第四种，虚拟的动态地点桩。

这种地点桩很少有人用，但是经过尝试，也是可以用的。所谓动态的地点桩，与第一条所说的"变形的实景地点桩"类似，只是这里指的是虚拟状态下的地点桩。

比如，某个电脑游戏的场景，在游戏中从某个地点走到另一个地点，其中要经历很多有标志性物品的地方，这时候可以把这些物品按游戏主人公行走的顺序记下来，当作地点桩来用。

当然，只有那些自己非常熟悉，已经在游戏中走了无数遍，对每一步会看到什么都熟记在心的虚拟场景才适合当作地点桩。不建议大家为了扩展地点桩去强行记忆游戏的场景，否则付出的时间和收获不成正比，则得不偿失。

三、多层定桩理论

所谓多层定桩理论，就是为了方便管理大脑中越来越多的房间，对房间进行层级管理的理论。如同一个很大的宫殿，里面有几百个房间。我们就需要把这几百个房间分为几个区域，如同明清时期皇宫中的"东宫、乾清宫、慈宁宫、万寿宫……"。

这里推荐一种比较好用的"多层定桩"方案，也称为"数字编码管理法"。

上一章中曾经讲过"房间主人管理法"，即给每个房间定义一个小主人，通过主人来记忆房间的编号顺序。数字编码管理法是房间主人管理法的升级版。

在房间主人管理法中，我们找10个和数字"1~10"有关联的主人公，而数字编码管理法直接用100个数字编码来定义房间。

可能有人会问："很多的数字编码并不是人物，如何来管理房间呢？"

其实只要换一个思路就可以了，用数字编码的图像来定义房间，让它成为房间的主人，并不一定要像之前的人物一样来管理这个房间，只需要把房间定义为它的一个主题就可以了。当然更科学的做法就是定义100间主题房。

比如，"13"的数字编码图像是"医生"，那第13号房间就找一间与医生有关系的房间或者图片，如手术室、医院外景、医院大厅、门诊、病房、各类检查室等。

比如，"57"的数字编码图像是"母鸡"，那第57号房间就找一个养鸡场或者与母鸡有关系的图片或者场景。如果"57"的数字编码图像是"武器"，那第57号房间就找一间武器库或者与武器有关系的图片或者场景。

当然，并不是100个数字编码都能这么容易地找到符合主题的场景，这时候就可以强行地嫁接一些主题进去。

比如，"09"的数字编码图像是"菱角"，如果很难找到一张与菱角有关系的房间、场景或者图片，就可以随便找一个其他的场景，然后把"菱角"强行加到里面，通过联想或者电脑合成的方式，人为地模拟出一个主题。

如下图，原本是一张普通的风景图片。

为了能让这张图片成为"菱角"主题的房间（场景），我们强行用电脑合成技术把一个菱角合成进了图片中，使图片正中间的亭子中有一个巨大的菱角。这样，这个地方就变成了一个有主题特色的"菱角亭"（如下图）。

通过类似的方法，就可以轻松地定义出100个主题房间（场景），每个场景的主题都是数字编码的图像。100个主题房间就在大脑中形成了，100个房间（场景）的顺序也能轻松定义并能清晰记住了。

如果按前面的方法熟记了每个房间中10个地点桩的顺序，又用刚才的方法熟记了100个房间的顺序号，这时一套"百图千桩"系统就打造完成了。

这100张图、1000个地点桩的顺序就可以随意地应用了。

比如，想知道第567号地点桩是什么？只需要回忆第56号房间的第7个点。那56号房间是哪一个呢？"56"对应的数字编码图像是"蜗牛"，只需要找到蜗牛主题房间的第7个地点桩，就可以轻松地定义到第567号地点桩了。

当然，如果你的脑容量足够大，你还可以定义两套，甚至三套这样的"百图千桩系统"。可能有些人会担心，我记忆两套不一样的"百图千桩"系统会不会产生混乱呢？

根据很多已经这样做的爱好者的实际情况来看，基本不会发生混乱的情况。但是建议大家一定要在已经对第一套"百图千桩"已经非常熟悉的情况下，再来启动第二套"百图千桩"的规划、设计、记忆。如果两套"百图千桩"同时启动、同时记忆的话，可能效果并不理想，难免会出现混淆。

当然，如果你设计的房间（场景）都是每组30个地点桩的话，那恭喜你！因为通过上面的这种方法，你可以轻松地在大脑中打造3000个有序的地点桩系统。和上面我们所讲的唯一不同的是，这3000个地点桩虽然是有序的，但是在寻址的时候，并不能快速找到某个序号对应的地点桩的图像。

比如，第1893个地点桩是什么？想定位到这个位置，需要进行一些计算，而且每组30个地点桩，在本组内查找序号也不如10个地点桩的房间快。所以，30个一组的设计并不能适应快速寻址的需要，但是可以用来记忆对寻址速度没有要求，只是对顺序有要求的内容。比如，世界脑力锦标赛中的马拉松数字、马拉松扑克牌等项目。每组地址可以用来记忆120位数字或者一副扑克牌，那这套系统就可以记忆12000位数字或者120副扑克牌了，这已经远超出了世界最高水平。

所以，如果能打造出一套属于自己的30位百图三千桩系统，那么应对任何的比赛都已经足够了。如果能打造出二套、三套呢？

四、无限扩展理论

1. 无限扩展理论的应用范围

地点桩是可以无限扩展的。前面已经提到了各种找地点桩的方法，包括到网络上去搜索一些图片来作为地点桩使用。

越是规整、标准的地点桩系统，越适合用来竞技、表演和比赛。但是在实际应用中，需要的地点桩数量并不固定，随机性很强。

比如，用地点桩来记忆《道德经》（方法在后面的章节中详细讲解）。因为《道德经》的每一章长度都不是固定的，有的章节只有五六句，而有的章节有十几句。所以每一章需要的地点桩的个数也不一样。这时候，可能就需要一些更自由的地点桩。

再如，用地点桩来记忆一些专业的知识点。一个大的知识点分为三部分，而每个部分中又包含了小的知识点。有的包含三个小知识，有的包含五个小知识点。部分小的知识点中可能会包含着更小的知识点，数量不一。面对这类有多层关系但数量不固定的知识，如何更好地规划地点桩呢？

2. 无限扩展的方法

这里给出大家一个可供参考的思路。

比如，我需要记忆的知识点有A、B、C、D、E五个大部分，知识点B下又有x、y、z三个小知识点。我们用下图来为大家说明如何无限扩展地点桩。

先在上图中找到五个地点桩（如左侧桌子、床、衣柜、门、右侧柜子）分别来记忆A、B、C、D、E五个部分的关键字。

然后，把知识点B所在的地点桩"床"再细分为"床头、枕头、床尾"三个更小的地点桩，分别用来记忆x、y、z三个更小的知识点（如下图）。

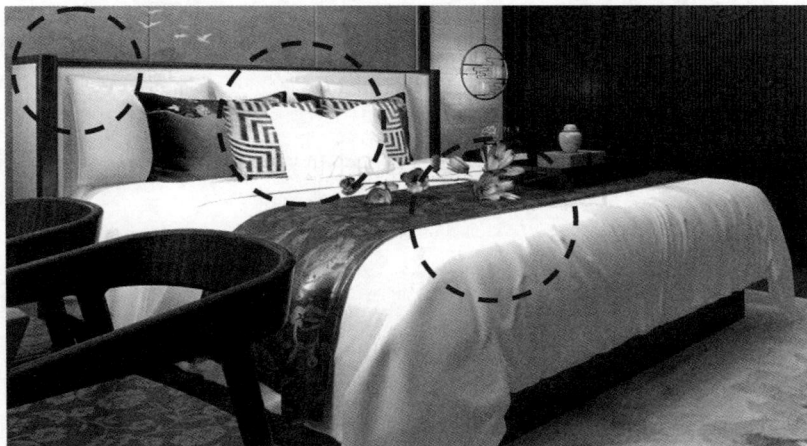

如果还有更小的知识点，我们还可以继续通过想象细分下去。比如，可以把枕头分为"角、上面的区域、中间鼓起的部分、下边与床接触的部分"四个更小的地点桩。

3. 灵活运用是关键

不要被"房间"或者"宫殿"的字面意思所限制，大胆发挥自己的想象，仔细地观察，找到物体在外观上的特性，划分出不同的区域，并规定好先后的顺序，它们都可以作为地点桩来用。

在实际运用中，一支笔、一部手机、一件衣服、一棵树、一朵花、一张卡片，我们均可以从中找到适合用来作为地点桩的区域或者部位。

即使没有机会亲自去到更多的地方，即使没有条件通过网络来搜索更多的图片，我们在桌面上随手摆放几件物品，也可以形成一组地点桩。桌面上的每件物品都可以是一个"房间"，整个桌面就如同由许多小房间组成的"宫殿"。

如此看来，只要我们愿意，只要我们努力去观察，记忆宫殿在我们的大脑中真的可以无限扩大。

下面用思维导图对本节内容进行总结。

作业

训练内容一：请列出自己的第一套"百图千桩系统"计划。

训练内容二：请用"无限扩展理论"找到能记忆下面的知识结构的地点桩系统。

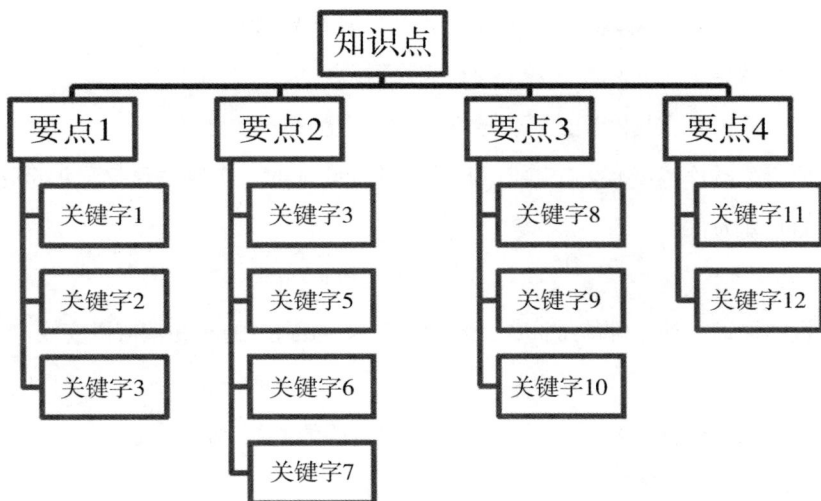

```
                      ┌────────┐
                      │ 知识点 │
                      └────────┘
        ┌────────┬────────┴────────┬────────┐
    ┌───────┐ ┌───────┐       ┌───────┐ ┌───────┐
    │ 要点1 │ │ 要点2 │       │ 要点3 │ │ 要点4 │
    └───────┘ └───────┘       └───────┘ └───────┘
    ┌────────┐┌────────┐      ┌────────┐┌─────────┐
    │ 关键字1 ││ 关键字3 │      │ 关键字8 ││ 关键字11 │
    └────────┘└────────┘      └────────┘└─────────┘
    ┌────────┐┌────────┐      ┌────────┐┌─────────┐
    │ 关键字2 ││ 关键字5 │      │ 关键字9 ││ 关键字12 │
    └────────┘└────────┘      └────────┘└─────────┘
    ┌────────┐┌────────┐      ┌─────────┐
    │ 关键字3 ││ 关键字6 │      │ 关键字10 │
    └────────┘└────────┘      └─────────┘
             ┌────────┐
             │ 关键字7 │
             └────────┘
```

第五节　提高记忆效率的几个关键

一、影响速度的几项因素

前文中分别从图像串联技术、图像编码优化技术、快速定桩技术三个方面对如何提高图像处理的速度做了详细的讲解。这三项技术也是影响记忆效率的主要因素。

不论是记数字、扑克牌这样单调的信息，还是记忆像《道德经》这样的文字信息，都与这三项技术息息相关。特别是在竞技比赛的过程中，这三个过程的处理速度上的细微差异，决定了比赛成绩的好坏。

比如，记一副扑克牌。一副扑克牌有52张，按照最常用的记忆策略"单桩双图法"（下文有讲解）来记忆，共需要处理以下几个流程。

第一步，需要准备并熟悉26个地点桩。

第二步，需要熟悉52张扑克牌的编码图像。

第三步，需要每两张扑克牌形成一个组合，并固定到地点桩上。

其中每一组（两张）扑克牌的记忆均可以分解成以下几个动作。

第一个动作，看到两张扑克牌并反应出对应的两个图像编码。

第二个动作，从大脑中提取对应的地点桩的图像。

第三个动作，将扑克牌的两个图像固定到地点桩的图像上。

以上流程需要重复26次才能完成对一副扑克牌的一次记忆。

如果每个动作需要1秒来完成，且能够均速完成对整副牌的记忆，那记忆整副扑克牌的时间为：

$$1 \times 3 \times 26 = 78 \ （秒）$$

但是如果每个动作都能提高0.2秒，那记忆一整副牌的时间就可以变成：

$$（1-0.2） \times 3 \times 26 = 62.4 \ （秒）$$

现在大家应该明白，为什么记忆大师在训练的时候，要将读牌训练时的节拍器设置到0.2秒一拍了吧?

我们假定经过训练，可以把读牌、提取地点桩、图像固定这三个过程都控制在0.2秒内，那记忆一整副牌的时间为：

$$0.2 \times 3 \times 26 = 15.6 \ （秒）$$

目前记忆一副牌的世界纪录为13.956秒，可见纪录的创造者能达到的速度要比0.2秒一组还要快。实际上，第三个动作很少有人能在0.2秒内完成，因此只有把另外两个动作做得更快，才有可能在15秒内完成对整副牌的记忆。

所以，在整个训练的过程中，不要小看0.1秒、0.2秒的提高。每个动作能够减少0.1秒，那记忆整副牌就能减少7秒多；如果每个动作都能减少0.2秒，那记忆整副牌就能减少15秒。减少15秒对于很多参与这项运动的人来说，可能是一辈子也无法实现的。

二、对数字的记忆

记忆数字有两种常用的方法。一种是串联法，一种是定桩法。

1. 串联法记忆数字

串联法记忆数字用得比较少，大部分人采用的是定桩法。但是串联法记忆数字可以更好地训练大脑对图像串联的处理能力。

比如，用串联法记忆圆周率，大部分人记完50位、最多100位就感觉已经掌握了串联记数字的方法。其实还远不够，100位才刚刚开始，在串联过程中遇到的很多问题和技术瓶颈还没有到来。只有串联得更多，才能发现更多需要解决的问题。

比如，在圆周率前100位中，重码率非常少，其中出现最多的图像"28"和"79"分别出现了3次，这时候大脑还能勉强分清这3个图像的区别。但是当某个图像在整个串联的图像链接中出现5次、10次以后，大脑还能不能应付呢？

前面已经讲过解决重码问题的策略，如镜头法。这里再给大家提供一种新的思路，就是改变属性法。

比如，"79"对应的数字编码图像是"气球"。如何能够分清这个气球是哪个气球呢？又如何记忆它的后面跟的是哪个图像呢？

在构建图像的时候，可以改变气球的属性，通过不同的属性来区分不同位置的气球。比如，第一次出现的气球是一个红色的、单独的气球，第二次出现的气球是一束五颜六色的气球，第三次出现的气球是一个带有造型的热气球（如下图）。

经过这样的处理之后，大脑中的图像虽然都是"气球"，但是实际上已经不再是一个图像了，也不再有所谓的"重码"问题了。

用纯串联的方法记忆数字是一项非常有趣的挑战，很多的世界记忆大师都感觉这项挑战非常有难度。已经有很多学员完成了1000位圆周率的串联记忆，更有个别学员完成了5000位圆周率的串联记忆。

如果采用定桩法来记忆5000位圆周率，只需要1250个地点桩就够了。无论从时间成本还是难度级别上，都比用串联法要容易得多。但是单纯用串联法记忆数字是一项非常锻炼大脑的图像把握能力的训练，可以让大脑的想象力更大程度地打开，对图像细节的处理更加娴熟，也能在很大程度上锻炼一个人的耐心和毅力。

串联记忆数字的最大弊端是速度慢。毕竟串联的图像越多，相似的图像越多，处理起来就会越困难，大脑需要花更多的时间和脑力去联想更复杂、更新颖的图像组合来应对。所以在速度上相比定桩法是完全没有优势的。在竞技比赛时，还得采用定桩法记忆。

2. 定桩法记忆数字

定桩法记忆数字就是把数字对应的图像按顺序固定到地点桩上。目前国内比较流行的，也是公认既好学又好用的是**"单桩双图法"**。

所谓单桩双图，即每个地点桩上保存两个图片（4位数字）。

比如，第一个地点桩是一张桌子，需要记忆的数字是"8935"。这时候先把"8935"转换成对应的图像"白酒"和"珊瑚"，然后把图像固定到"桌子"上。

桌子上摆着一大瓶白酒，白酒里面泡着一个巨大的珊瑚。

需要注意的是，一个地点桩上保存的两个图像是有先后顺序的。前文中已经讲过要赋予每个编码一个固定的动作，就是为了在用单桩双图法保存图像时，能够更快速地完成图像与地点桩的链接。

比如，上面的例子中，"白酒"的固定动作就是"泡"，不管后面跟着的是什么图像，一律把它泡到白酒里面。所以后面的"珊瑚"很自然地被"泡"到了"白酒"中，而不再需要重新花脑力来思考应该如何去链接"白酒"和"珊瑚"这两个图像。

这也是单桩双图法效率极高的重要原因。

近几年，随着记忆竞技运动的发展，各种新的技术也不断被研发出来。比如三位编码系统、多米尼克编码系统、PAO编码系统等。这些编码技术和定桩技术的出现，对提高数字记忆的速度起到了很大的推动作用。但是因为这些技术训练成本高、操作难度大，所以只有部分记忆大师在应用它们。在下一章节中会对这些技术做一些简要的介绍。

三、对扑克牌的记忆

前面在讲述扑克牌编码知识的时候已经提到过，扑克牌的编码是在数字编码的基础上衍生出来的一种编码机制。所以扑克牌的记忆与数字的记忆极其相似。

目前国内大部分记忆大师都采用"单桩双图法"来记忆扑克牌，几乎没有人用串联法记忆扑克牌。

扑克牌的"单桩双图法"与数字记忆的原理和方法完全相同。只是扑克牌的记忆除了要从编码、定桩等技术上提高自己的速度外，还有一项非常特殊的、不同于数字记忆的技术，叫"搓牌"技术。

所谓**搓牌**，就是将一整副牌拿在手里，一张张搓动，让每张扑克牌都能在眼前清晰地展示出来。这个技术如同魔术师练习扑克牌表演手法，如同花切爱好者练习如何把玩扑克牌。不要小看这项技术，很多记忆大师的记忆速度本可以更快，只因为手上的动作太慢，而影响了整体记牌的速度。

搓牌的训练有很多种，有的人喜欢从前向后搓，也有人喜欢从后向前搓。更科学、更高效的方法是通过训练，保证自己每次搓动都可以准确地搓出两张扑克牌，且两张扑克牌都能完整地把角码展示出来。这样只需要快速地搓动26次就可以把整副扑克牌记完了。

搓牌训练需要左右手很好地配合，才能搓动得更快。左手在推动的同时，右手能够配合接住牌并拉动（或者左右手交换反向操作），这样牌就可以搓得更快。

另外，在挑选扑克牌方面，也有一些讲究。尽可能挑选牌面光滑、牌体有弹性、硬度合适的扑克牌。如果牌在搓动时非常生涩、不易滑动，势必会影响搓动的速度。另外，也不建议选择过于光滑的扑克，如果使用不习惯，会因为太滑导致部分扑克牌从手中滑出，造成扑克牌顺序被打乱，从而无法完成对原本顺序的记忆。

四、速度与准确率的辩证关系

在自己的记忆能力不提升的情况下，速度越快，准确率就越低，这是不争的事实。如何一方面不断提升自己的记忆能力，另一方面通过合理地分配记忆的速度来提高记忆的效率，这是作为一个记忆爱好者应该研究的方向。

先给大家分享一个理念，这也是我多年来学习和实践不同类别的技能后总结出的一条心得。该理念可以让我们更辩证地看待做事速度与做事质量之间的关系。

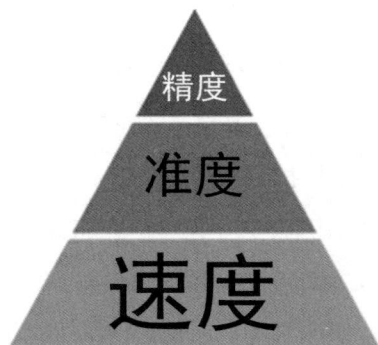

很多时候，我们都受到一个叫"扎实"的观念影响，总觉得快速地去做一件事就是"敷衍"，就是"走马观花"，就是"不扎实"。其实不然。

有很多的事情，对于普通人来说，如果一开始就精益求精，往往会半途而废。因为很少有人能坚持到看到希望的那一天。相反，如果把"速度"放到第一位，可能效果恰恰相反。

比如，前面我们反复提到的"通过节拍器来强制自己提高速度，而不要在乎准确率"就是很好的例子。如果总是担心自己的准确率不高，总是去追求准确率，可能永远也无法把速度提高到秒级之内了。

所以，先把速度提上去，再慢慢地追求准度和精度，很多的事情可能就做成了。

另外，从技术的层面来说，速度为先还有一个非常重要的理论：**同样的时间内，快速地记多遍比慢速地记一遍效果好很多倍。**

就拿记扑克牌来说，我目前的水平是踏踏实实地记一遍需要2分钟。也就是说，如果用2分钟时间来记，可以非常"放心"地把每张扑克牌对应的图像牢牢地固定到地点桩上。

请注意，我在这里用了一个词叫"放心"。即在记忆的过程中，每个图像都在大脑中清晰地呈现，每个地点桩也在大脑中清晰地呈现，然后生成一个同样清晰的地点桩与编码图像相结合的图像。快速跳过任何一个细节时都会使人"不放心"。

但即使如此，在记忆完成马上闭上眼睛回忆时，也难免会出现个别的地点桩上的图像完全忘掉或者不确定的情况。而只有经过大量的训练之后，才会慢慢适应"一遍过"的状态。

但是如果在训练的过程中，在同样的2分钟的记忆时间里改变一下记忆的策略，变成记2遍。第一遍80秒，第二遍40秒，加起来还是用了120秒（2分钟）。这时候，即使第一遍80秒记忆完成后，有一半的图像忘掉或者不确定也没有关系。因为在第二遍记忆时，可以重点记忆这些缺失的图像。

用这样的策略记忆两遍之后，再回忆时虽然也有可能会出现某个地点桩的图像忘记或者不确认的情况，但相对2分钟只记一遍来说，要好很多。

如果更进一步，采用三遍记忆策略。第一遍70秒，第二遍30秒，第二遍20秒，总计仍然是120秒。这时候，基本上可以达到100%的准确率了。

五、法无定法、万法归宗

在后面的章节中，我们会讲到记忆法的应用，比如用记忆官殿法记忆四书五经、英文单词、各类典籍，同样适用上面所说的"速度、准度、精度"原则。

比如，用宫殿记忆法快速记忆3000个常用单词。如果用所谓的"脚踏实地"的原则去记忆，往往是记上几百个，就发现前面的已经忘得差不多了，然后开始返回去复习。再记上几百个，又出现遗忘的状况，再返回去复习。最后的结果是什么？前面的几百个单词可能记得很熟悉了，但是可能连一半甚至连1000个也记不完，就放弃了。

记了忘，忘了记的反复让大部分人看不到希望。80%的人会半途而废，甚至连半途都到不了，可能记到20%左右的内容，就放弃了。

但是如果改变策略，改为"速度为先"呢？我先用最快的速度把3000单词记一遍，管它能记住多少呢！管它记完了忘掉多少呢！这些都不用在意，就用几天的时间快速地过一遍。

可能很多朋友会问？那我记完了，80%都忘了，意义何在？

意义在于这种策略能让大部分人把这件事做完，然后就有信心去复习第二遍和第三遍了。等到记完三遍以后，其实80%的单词就已经记牢了。

可能有些人会质疑：不对啊，我们上学时记忆单词，不就是每天记几个，用了十几年时间才把高考的3500个单词记完的吗？

是的，这是因为孩子在上学期间有老师要求，有检查、考试，即有外在的力量在督促孩子去完成这件事。但是对于成人来说，在没有人监督，特别是在没有任何考试压力的情况下，想要自觉地去做这件事，可能就没有上学时的效果了。

用记忆宫殿法去记忆《道德经》，也同样适用这个理念。《道德经》共81章，如果一天背一章，需要81天才能记完。但是坚持81天又谈何容易，又有几个人能做到呢？

所以，如果用"速度为先"的策略，每天记忆10章，甚至15章、20章，就能在最短的时间内把81章全部记一遍。这件事之所以更简单，是因为只需要坚持七八天甚至更短的时间，就可以做完了。

同样，哪怕记一遍之后，可能会忘掉80%，也没有关系。因为再去记第二遍时心态会发生很大的改变，面对"复习"和"首次记忆"的情绪反应是完全不同的。这样就可以用更短的时间去复习第二遍、第三遍。

在这样的策略下，81章就可以轻松地记下来了。

六、训练量与速度提升的关系

有了前面的"速度为先"的原则，大家也不要有新的幻想。"只要速度快了，一切就万事大吉了！"其实不然，把速度提上去，还要通过大量的训练来把自己的记忆能力提升上去。

就以读码训练为例，不可能一下子就从1秒提升到0.2秒，否则就真成了拔苗助长了。正确的做法应该是一点点地稳步提升，从1秒提升到0.8秒，然后是0.6秒或0.5秒。

每提升一个量级，都要进行大量的训练。每个速度量级都训练到大概80%的准确率时，就可考虑再提升一个速度量级。

有人可能会问：直接提升到100%的准确率不是更好吗？

是的，那样当然更好，但是对于很多人来说，达到100%准确率的时间成本太高了。假如提升到80%的准确率需要10个小时的训练，那提升到100%的准确就需要20个小时甚至几十个小时的训练。还有一种可能，有些人永远也达不到100%的准确率。

有人又会问：那这样最终的目标还是100%的准确率吗？

是的，但是如果我们利用这种策略，把速度从1秒一组逐步提升到0.2秒一组甚至0.1秒一组之后，还能保持80%的准确率，那恭喜你，你已经成功了。

为什么呢？

因为你只要把速度下降一个量级，就可以轻松地做到100%正确了。

比如，你在0.2秒一组的速度下可以把准确率稳定在80%左右，这时候把速度降到0.3秒一组再来试一下。你会发现准确率马上就上去了，就算做不到100%，也会有95%或者更高的准确率，这时候只要再稍加训练，很快就能做到100%的准确率了。

所以，速度和训练量这两者虽然缺一不可，但是一定要权衡对两者的重视程度。否则可能会花费很多的时间和精力做了大量的训练，却发现成绩提升不快。

大胆地尝试更快的速度，可能会有意想不到的收获。

七、1000小时有效训练理论

很多人问我：想要成为记忆大师需要训练多久？

我问过很多记忆大师，他们给出的答案并不是统一的。有的人说需要一年，有的人说需要半年，也有些说需要三个月就够了。

可能大家的智力水平不一样，年龄不一样，生活状态也不一样，追求的记忆水平也不一样，所以就有了听上去差距很大的答案。但是大家普遍认同一个概念：

要想达到记忆大师的最低及格水平（IMM，下章将详细说明），**至少需要1000个小时的有效训练。**

1000个小时好理解。

如果每天训练2个小时，就是500天，可以大概理解为一年半的时间。

如果每天训练6个小时，就是166天，可以大概理解为半年时间。

如果每天训练10个小时，就是100天，可以大概理解为3个月时间。

何为有效训练？

有效训练就是专注地训练"串联、读码、过桩、定桩"的时间。发呆不算，用来计划、设计不算，统计、总结不算，反思、整改不算。是指真正用在训练上的时间。

对宫殿记忆法实际应用技术的训练，比成为记忆大师的竞技性训练要轻松一些。这里也提供给大家一个大概的时间。

基础理论的学习大概需要30~50小时。

基本功的训练大概需要100~150小时。

提升和强化训练大概需要300~500小时。

也就是说，如果坚持130个小时，你就可以成为一个远远强于普通人的超级记忆高手了。如果你能坚持训练500个小时以上，你就可以成为一个真正的记忆超人了。

作业

训练内容一：请尝试用三遍记忆法记忆下列100位随机数字，并记录下所用的时间及正确率。

$$18,22,13,33,90,64,80,15,57,63,$$
$$79,46,66,31,99,01,77,16,04,08,$$
$$49,28,38,07,09,52,48,11,17,72,$$
$$78,06,58,24,69,39,30,96,32,43,$$
$$87,75,92,41,35,84,40,14,97,60.$$

所用时间：

错误位数：

训练内容二：请洗乱一整副扑克牌（52张），用两遍记忆法完成记忆，并记录下所用的时间。

所用时间：

错误张数：

记忆宫殿与思维导图:从入门到精通

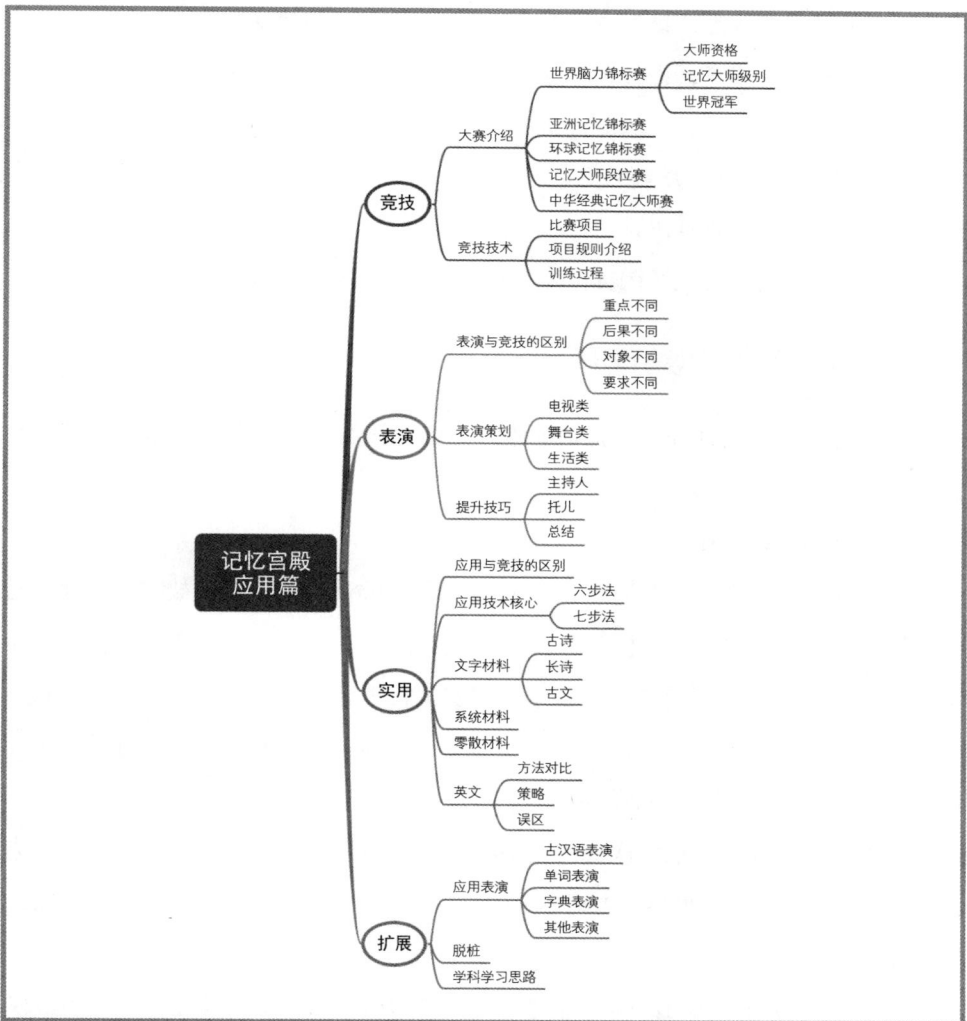

记忆宫殿
应用篇

竞技
- 大赛介绍
  - 世界脑力锦标赛
    - 大师资格
    - 记忆大师级别
    - 世界冠军
  - 亚洲记忆锦标赛
  - 环球记忆锦标赛
  - 记忆大师段位赛
  - 中华经典记忆大师赛
- 竞技技术
  - 比赛项目
  - 项目规则介绍
  - 训练过程

表演
- 表演与竞技的区别
  - 重点不同
  - 后果不同
  - 对象不同
  - 要求不同
- 表演策划
  - 电视类
  - 舞台类
  - 生活类
- 提升技巧
  - 主持人
  - 托儿
  - 总结

实用
- 应用与竞技的区别
- 应用技术核心
  - 六步法
  - 七步法
- 文字材料
  - 古诗
  - 长诗
  - 古文
- 系统材料
- 零散材料
- 英文
  - 方法对比
  - 策略
  - 误区

扩展
- 应用表演
  - 古汉语表演
  - 单词表演
  - 字典表演
  - 其他表演
- 脱桩
- 学科学习思路

第一节　记忆宫殿竞技技术

记忆界的竞技比赛又被人们称为"脑力运动会"，是比拼大脑在记忆方面技能的比赛，主要比赛内容是记忆各种单纯的信息。比如，记忆数字、记忆扑克牌等。

竞技类记忆比赛，主要是比拼记忆的速度和记忆的信息数量两项主要内容。

★同样的记忆难度，比拼在完全正确的前提下，谁的速度更快。

★同样的记忆难度，比拼在相同时间内谁记忆的信息量更多。

这可以大概理解为：

100米的短跑，看谁用时更短。

一小时的长跑，比谁跑得更远。

竞技主要的特点是现场比赛，比拼的是能力，而不是内容的积累。

一、世界知名大赛介绍

到目前为止，已经开展了几项非常有名的记忆类比赛，现在分别对几项赛事做简要介绍。

1. 世界脑力锦标赛

世界脑力锦标赛全称"World Memory Championships"，也被称为"世界记忆锦标赛"。这是由托尼·博赞在1991年发起的一项脑力比赛，到目前已经举办了30届。该项比赛除了通过10个正式的比赛项目来比拼选手们在记忆方面的能力之外，还有一项非常重要的任务：认证"世界记忆大师"。目前已经有近千人通过该比赛拿到了"世界记忆大师"的称号。

世界脑力锦标赛已经多次在中国举办。选手必须要经过地区赛、国家赛的选拔以后，才有资格进入世界脑力锦标赛的总决赛。中国每年都会选拔几百人参加最后的总决赛。

该比赛虽然是一项由民间发起的脑力竞技运动，但却是目前业界公认的最权威的比赛。该赛事对承办方、裁判、选手以及工作人员都有严格的选拔机制，以确保整个比赛过程公平、公正、透明。

该比赛共设计四个组别，分别是：儿童组（12岁以下）、青少组（12~18岁）、成年组（18~60岁）和老年组（60岁以上）。每个组别都会产生一个小组冠军，并且还要产生大赛的总冠军、总亚军和总季军。按照大赛的惯例，大赛不设男女组别。

除了总冠军和小组冠军外，大赛还为每个项目设置单项冠军。大赛共设有10个常规比赛项目，通过对这10个项目的比拼，评选出总单项奖、各年龄段小组奖及大赛的总冠军等。大赛更重要的任务是负责"世界记忆大师"资格的认证。

（1）世界记忆大师资格介绍

该比赛创立之初，世界记忆大师并没有级别的划分，也没有人数的限制，统称为"世界记忆大师"。只要参赛的选手满足一定条件，大赛就会授予其"世界记忆大师"的称号。

比赛创立之初的三条必过的及格线是：

马拉松数字成绩：1小时内记住随机数字的个数不低于1000位。

马拉松扑克成绩：1小时内记住扑克牌的数量不低于10副（520张）。

快速扑克成绩：记住1副扑克牌的时间不超过2分钟。

创赛几十年之后，特别是自2010年世界脑力锦标赛在中国广州举办之后，大量爱好者被吸引并参与到了这项运动中来。选手们训练更加刻苦，并不断钻研新的记忆方法，把这项运动推向了一个新的高度。但这同时也带来了一个现象：越来越多的人拿到了"世界记忆大师"的资格，"世界记忆大师"这个称号变得不再那么稀缺和珍贵了。

为了确保"世界记忆大师"称号的含金量，大赛组委会多次提高三条及格线的标准。截至2021年12月，该及格线的新标准如下：

完成全部10个项目的比赛。

当年比赛总分达到3000分以上。

1小时内正确记忆14副牌（728张牌）。

1小时内正确记忆1400个随机数字。

40秒内正确记忆一副扑克牌。

这里需要说明的是，上面新加的两条对于选手来说，并不是特别难。因为10个比赛项目全部可以记入总分，只要在一两个项目上有优势，达到3000分的总分还是比较容易的。而后面的三条才是硬指标，只要有任意一项达不到标准，就失去了获得"世界记忆大师"称号的资格。

即使难度越来越高，却依旧阻止不了广大的记忆爱好者对该项运动"更快、更多、更强"目标的追求，每年仍然会有近百人甚至更多的选手达到，甚至远超过以上标准。

（2）世界记忆大师级别

近几年，为了能够更好地区别世界记忆大师的水平，大赛组委会把世界记忆大师分为三个级别，分别是：

第一个级别：IMM级。

IMM全称为International Master of Memory（国际记忆大师）。IMM级是级别最低的世界记忆大师，只要达到以上的5条及格线，就可以获得该资格，且没有人数限制。

目前国内取得该称号的世界记忆大师有接近1000人。

第二个级别：GMM级。

GMM全称为Grand Master of Memory（特级记忆大师）。GMM除了要满足IMM的条件外，还要求当年比赛总分数不能低于5500分。每年只给满足以上条件且分数最高的5位选手授予GMM的称号。

目前国内取得该称号的世界记忆大师有100多人。

第三个级别：IGM级。

IGM全称为International Grand master of Memory（国际特级记忆大师）。IGM是级别最高的世界记忆大师，除了要满足IMM的条件外，还要求选手当年的比赛总分数不能低于6500分。因为能够达到6500分的选手实在是少之又少，所以IGM也没有人数限制。

目前国内取得该称号的世界记忆大师仅有不到20人。

（3）世界脑力锦标赛总冠军

世界脑力锦标赛总冠军是该比赛的最高荣誉。选手必须在10个比赛项目上都有相对突出的表现，而且还要有占绝对优势的项目才有可能拿到总分第一。2010年，在第19届世界脑力锦标赛总决赛中，中国选手王峰力压群雄，成为第一个拿到总冠军称号的中国人。

除此之外，在世界脑力锦标赛的历史上，有越来越多的中国选手在赛场上留下了光辉的一笔，如蒋卓琅、石燕妮、邹璐建、石彬彬、韦沁汝、胡雪雁等。

这些优秀选手通过努力拼搏为我们的国家争得了荣誉，在他们的带动下，该运动被不断地推向了新的高度。

2. 亚洲记忆锦标赛

亚洲记忆锦标赛与世界记忆锦标赛非常类似，也推出了比赛认证双机制，除了比拼出冠、亚、季军外，同时也认证"亚洲记忆大师"，英文名称为"Asian Master of Memory"。

听上去，亚洲记忆大师似乎不如世界记忆大师的名气大，其实不然。很多已经取得世界记忆大师称号的选手在亚洲记忆锦标赛中并不能达到及格线。

究其原因，主要是因为世界脑力高手大部分集中在亚洲的中国、蒙古、朝鲜、印度这几个国家。所以，亚洲记忆锦标赛才是真正的高手云集之地。

有人戏称，想在亚洲大赛上拿个冠军要比在世锦赛上拿个冠军难得多。

以下是获得亚洲记忆大师（AMM）称号的标准，供大家参考。最新标准请大家咨询大赛组委会或到官网查询。

30分钟内正确记忆不少于700个数字。

30分钟内正确记忆不少于7副扑克牌。

70秒内正确记忆1副扑克牌。

于符合世界记忆运动理事会规定的国际赛赛制，并得到亚太记忆运动理事会批准的亚太地区公开赛中得到至少4000分的总分。

3. 环球记忆锦标赛

环球记忆锦标赛是由中国记忆界著名导师张海洋老师发起的一项记忆力专业型比赛，其主要内容是以"世界脑力锦标赛"的铁三项为主要比赛内容。该项赛事是以推广脑力运动为主要目的，分为更多的年龄组别，并将比赛项目进行了精简。

该比赛将多个一小时马拉松项目改为15分钟，比赛更加快捷，能让更多的人参与到该项赛事中来。

4. 记忆大师段位赛

记忆大师段位赛是一项面向非专业选手的比赛，是普通的记忆爱好者检测自己记忆能力的一项比赛。该比赛把世界记忆大师分为九个段位，每人可以根据自己的水平来报名参加对应段位的比赛。

从目前的段位内容设计难度来看，普通人经过一周左右的训练后，可以轻松地达到四段或者五段的水平。即使达到段位认证的最高段位"九段"，与世界记忆大师最低级别IMM级也有很大的差距。在世界记忆大师段位认证的证书中一般会标有"Level x"的字样。

下图为一级段位（Level 1）的证书样本。

除此之外，还有很多由民间组织的与脑力相关的比赛，如各类邀请赛、巡回赛、大师赛等。为了宣传的需要，这些民间的比赛均设置了不同的认证和奖励，也颁发相关的证书。受世界记忆运动理事会（WMSC）的影响，很多比赛的证书采用英文的形式，并与WMSC颁发的证书非常类似，但其所代表的水平与世界脑力锦标赛却有着很大的差距。

也有部分无良人士，在一些小型的比赛和认证中拿到一个证书，就鼓吹自己是世界记忆大师，以提高自己的身价，误导大众。希望广大读者朋友擦亮自己的眼睛，认清现实，共同维护"世界记忆大师"的良好口碑。

以下是WMSC颁发的世界记忆大师证书样本。每年的证书样式略有不同，上面的签名也有所区别。

GMM证书样本

IMM证书样本

5. 中华经典记忆大师赛

中华经典记忆大师赛是由张海洋老师发起的一项应用型记忆力比赛，该项赛事与上面的几项赛事有很大的区别。以上几项比赛全部是以记忆数字、扑克牌等无规律信息为主要内容的现场比拼，而中华经典记忆大师则是比拼对中华经典的四书五经等内容的记忆，且该比赛不需要现场记忆，现场只负责考核。

该比赛以《唐诗300首》《道德经》《孙子兵法》《孟子》《论语》《金刚经》等12部中华经典为比赛内容，采用赛前自由记忆、大赛现场随机提问抽背的方式进行。根据记忆内容的多少评出不同级别的"中华经典记忆大师"。

现场考核采取"抽六取五"的方式进行提问，即每部经典都会由现场负责考核的六名裁判员每人从中任意抽取一篇（章、节、首、段），由参赛选手现场背诵原文，如果能够顺利答出其中的五篇，该部经典的考核成绩视为合格。如果能够把12部经典全部背完，并通过以上考核，即可获得"中华经典特级记忆大师"的称号。

该项赛事的举办不仅使应用型记忆法得到了很好的推广和应用，也让更多的人参与到利用该方法进行实用型知识的记忆中来，它更大的贡献是对弘扬中华历史文化起到了很大的促进作用。

该项赛事发起人张海洋老师背完了大赛规定的12部经典，并顺利通过了大赛的考核，成为首位"中华经典特级记忆大师"。之后陆续有杨希、张艺馨等选手获得了中华经典记忆大师的称号。

二、竞技技术的核心介绍

前文已经提到过，世界脑力锦标赛是以记忆数字和扑克牌为主要内容的比赛。记忆大师铁三项"快速扑克记忆、马拉松扑克记忆、马拉松数字记忆"也均为数字、扑克牌的记忆。大赛共设置了10个标准比赛项目。

- 快速扑克记忆（Speed Cards）
- 马拉松扑克记忆（One Hour Cards）
- 马拉松数字记忆（One Hour Numbers）
- 快速数字记忆（Speed Numbers）
- 听记数字（Spoken Numbers）
- 二进制数字记忆（Binary Number）
- 人名头像记忆（Names & Faces）
- 虚拟历史事件记忆（Historic/Future Dates）
- 随机词汇记忆（Random Words）
- 抽象图形记忆（Abstract Images）

现对每个项目简要介绍如下：

1. 快速扑克记忆

该项目一般放在总决赛的最后进行，号称是总决赛最精彩的比赛项目之一。该项目比拼的是完整、准确地记忆一整副洗乱的扑克牌所用的时间。

比赛采用国际标准扑克牌（共四种花色，每种花色"从A到K" 13张，共计52张），不包括大、小王牌。

大赛给出的最长记忆时间为5分钟，要求选手必须在5分钟内完成大赛指定的扑克牌的记忆，否则视为"未完成比赛"。实际能进入总决赛的选手大部分成绩在2分钟之内，甚至1分钟之内。因为现在的记忆大师及格线已经限定在40秒之内。

该项目通过选手自行操作计时器的方法来比赛。计时器停止后，选手不允许再看要求记忆的扑克牌。停止计时后，选手有5分钟的时间把另一副新的（没有打乱顺序的）扑克牌，根据自己刚刚记忆的内容，重新排列成要求记忆的扑克牌的顺序。

完成排序后，由裁判和选手每人各拿一副牌，逐一核对两副牌的顺序。

如果两副牌的顺序完全一样，则该成绩（所用时间）有效，双方签字确认。

如果在中间任何位置出现牌的顺序不一致，只有已经核对的部分有效。在比赛中出现这种情况，虽然该项比赛仍然可以得分，但实际上该项比赛已经失败了。

每位选手有两次挑战该项目的机会，取得分较高的一次记入比赛总成绩。

快速扑克项目号称近几年把选手挡在"记忆大师"门外的最后一道障碍，很多选手最后没能取得"世界记忆大师"的称号，都是败在快速扑克项目上。

1分钟和40秒是快速扑克训练的两道门槛。很多人经过训练能够达到的最好成绩为40~45秒，很难突破40秒这一关。所以他们在比赛时往往采用冒险策略，即第一次采用两遍记忆，成绩可能在40多秒，确保该项有一个保底的成绩。第二次采用一遍记忆，时间会在30多秒，能够达到"40秒"的合格要求，但是只记一遍对于很多选手来说很难保证100%正确。只要错一张，该项目的比赛就宣告失败。

中国著名的记忆大师王峰老师曾经在该项目中创造了17秒的世界纪录，但是不久之后该纪录被打破。打破纪录的就是中国的邹璐建老师，他创造的纪录是13.956秒。另外的一些号称10秒之内的世界纪录均为民间测试，并未得到大赛官方认可。

2. 马拉松扑克记忆

马拉松扑克记忆也是比赛记忆洗乱的扑克牌的顺序，与快速扑克记忆不同的是，比赛的内容是在1小时的时间内尽可能记住更多的扑克牌。

马拉松扑克记忆是由选手在参赛前根据自己的实际水平自行向大赛组委会申请记忆扑克牌的数量。比如，选手平时的训练成绩在10副牌左右，可以向大赛组委会申请记忆12副或者15副扑克牌。如果自己平时的训练成绩在30副牌左右，可以向大赛组委会申请记忆35副或者40副扑克牌。

在某一年的该项目比赛中，有个新参赛的选手直接申请了50副扑克牌，给了其他选手很大的精神压力，但实际核对成绩时，该选手的得分为0分。所以选手一定要根据自己的真实水平申请合适的数量，就算比赛时可能会超常发挥，但也不会出现超出平常训练的水平10副牌以上的情况。比自己的日常训练水平多要5~10副牌已经完全满足比赛的要求了。

该项比赛采用统一计时的方式，要求选手在60分钟内尽可能多地按顺序记忆扑克牌。一小时比赛时间结束后，选手不允许再看牌，开始根据自己的记忆回忆并填写答卷。

该项比赛答卷不再采用快速扑克记忆的复牌形式，而是采用统一的答卷纸进行笔答。选手要在标准答卷纸上按顺序写出自己所记忆的每张扑克牌的花色和点数（下图为答卷的部分示例）。

在空格内填上数字或A、J、O、K。

第 12 副

♣		♦		♥		♠	
♣		♦		♥	5	♠	
♣		♦		♥		♠	Q
♣	A	♦		♥		♠	
♣		♦	3	♥		♠	
♣		♦	6	♥		♠	
♣		♦		♥		♠	7
♣		♦		♥	9	♠	
♣	Q	♦		♥		♠	
♣		♦	K	♥		♠	
♣		♦		♥		♠	8

按照该项目评分标准的要求，如果某副牌52张顺序全对，计52分。如果出现任意一张牌的顺序和牌点不符，计26分。如果出现两张或者两张以上错误，该副牌不得分。

如果选手记忆的最后一副牌并没有记完，可以进行特别说明。最后一副牌按选手已经答出的张数记分。比如，选手答出30张，全对，得30分。如果30张中出现一张错误，得15分。两张或者两张以上错误，该副牌不得分。

中国选手石彬彬曾经创造了1小时记忆31副牌的世界纪录。在2019年的总决赛上，有7位选手打破了之前的世界纪录，其中包括中国选手韦沁汝，成绩为39副又33张。第30届世界脑力锦标赛的总决赛也传来喜讯，中国选手韦沁汝等多位中国选手再次刷新了自己的成绩，记忆数量达到40副以上。

目前的世界纪录是由朝鲜选手创造的，其成绩为48副又34张。

3. 马拉松数字记忆

马拉松数字记忆与马拉松扑克记忆非常相似。选手在1小时内尽可能记住更多的随机数字。

该项目比赛的考卷（即选手记忆的数字）是由电脑生成的随机数字，每页纸上有25行数字，每行40个，每页共有1000个数字。选手在赛前根据自己的水平向大赛申请自己记忆的页数。

该项目的答题时间为2个小时，选手根据记忆在答题纸上按顺序写下数字。答题纸也是按每行40个数字、每页25行的要求书写。

在评分时，如果某行数字完全正确，得40分。如果某行出现一个错误（数字填错或者顺序错），该行只得20分。如果某行出现两个或者两个以上的错误，该行不得分。

选手在答题纸上写出的答案的最后一行与马拉松扑克最后一副牌的评分标准类似。

该项目的及格线已经从十几年前的1000位数字提高到了1400位数字。2019年，四位来自朝鲜的选手打破了之前的世界纪录，且最高得分已经突破到了4620分。

除了以上的铁三项，还有三项与数字有关的比赛项目，分别是：

4. 二进制数字记忆

二进制数字记忆，要求记忆的数字全部为二进制数字，即全部由"0"和"1"组成。比如：

$$10010101101010100101011010101001$$

该项目看上去难度非常大，因为只有0和1，重复性太高。但实际上该项目是最容易得分的项目。选手在记忆的时候，会按照一定的规律把二进制转换成十进制（或者八进制）来记忆。其转换规则如下：

每3位作为一个转换单元，按照二进制与十进制的互换规则进行转换。（进制的转换属于计算机相关的知识，想更详细了解的朋友请自行查阅相关计算机类专业书籍。）

我们把3位二进制数从左向右分别定义为X，Y，Z，X相当于十进制中的4，Y相当于十进制中的2，Z相当于十进制中的1。

即当X为二进制的"1"时，计"4"。同理，当Y的二进制数为"1"时，计"2"；当Z的二进制数为"1"时计"1"。当X，Y，Z为"0"时不计数。然后把X，Y，Z三个数对应的十进制数相加即可得出对应的十进制数。

如，二进制数"101"对应的十进制数为"5"。

$$4 + 0 + 1 = 5$$

按照此规则，3位二进制的8种组合对应的十进制数如下表。

二进制数	000	001	010	011	100	101	110	111
十进制数	0	1	2	3	4	5	6	7

根据此规则，上面的一行二进制数转换成十进制后为：

100	101	011	010	101	001	010	110	101	001
4	5	3	2	5	1	2	6	5	1

所以，记忆上表中的30位二进制数，就相当于记忆以下10位（5组）数字

$$10010101101010100101011010101001$$

45-32-51-26-51

只要熟练掌握了二进制数与十进制数之间的转换关系，就可以轻松地记忆二

进制数。如果选手在30分钟能够记忆500位十进制数的话，理论上可以认为在同样的时间里他可以记忆大约1500位二进制数。

该项目的评分标准与马拉松数字记忆项目类似，区别是该项目记忆时间只有30分钟，回忆时间为60分钟。

所以，单纯从得分的角度，该项目是最容易拿到高分的。目前该项目的世界纪录是由朝鲜选手创造的7485分。

5. 快速数字记忆

快速数字记忆的答卷标准与马拉松数字记忆完全相同，只是记忆时间只有5分钟，答题时间只有15分钟。其评分标准也与马拉松数字记忆相同。

6. 听记数字

在听记数字的比赛中，大赛会通过录音依次读出随机数字。播放录音统一用英文，以确保全世界不同国家选手之间的公平。选手在播放录音期间不允许动笔，只能通过听来尽可能多地记住播放的数字顺序。

录音播放完成后，选手统一开始在答题纸上按顺序默写出自己所记下的数字。每默写正确一位得1分，在任何位置出错，从出错处开始向后的数字均不能得分。也就是说，如果第一位数字就错了，该轮成绩即为0分。

该项比赛共进行三轮，其详细的比赛规则请大家参考官方相关资料。

以下的四项比赛虽然不是考验对数字和扑克牌的记忆，但仍然具有非常大的挑战性。

7. 人名头像的记忆

人名头像的记忆是要求选手在15分钟内尽可能记住更多的人名与头像的对应关系，即记住试卷中每个头像的姓名。

试卷中会有世界不同国家、不同肤色、不同性别、不同年龄段的人像照片，照片均为头部加肩部，且所有人物均为陌生人，没有一个是公众人物、明星、知名人物。

为了各国选手之间的公平性，选手在报名时提前向大赛组委会申报自己所用的语言。比如，选手申报了汉语，那试卷中的人名均采用汉语印刷，答卷时同样使用汉语。

选手需要在15分钟时间内尽可能记住头像的姓名。试卷设置数量至少为一页

15个头像，共6页，也有个别场次按一页9个头像设计。

答题时间为30分钟，选手需要根据记忆默写出每个头像对应的名字。但是答题纸上的头像顺序是被打乱的，头像的照片不会发生变化。

该项比赛具体的计分标准，请大家参考官网相关资料。

8. 虚拟历史事件记忆

虚拟历史事件记忆是要求选手在规定的时间内记住尽可能多的历史事件对应的年份，即每个事件发生在哪一年。

用虚拟历史事件考核，是为了保证比赛的公平，避免不同年龄段和不同学科知识对选手的影响，试卷中出现的所有事件全部是虚构出来的。而且为了统一，所有事件发生的时间都限定在1000~2099年之间。如下：

1368	皇太子中风身亡
1258	台风对村庄造成破坏
1396	葡萄产量达历年最高
1716	猪得瘟疫大量死亡
1682	神秘人偷走玉佛
2037	月球国际工作站完工
1684	皇宫半夜失火
1319	万人江边求雨
2049	太空旅游搞优惠活动
1852	一外国女人村口卖艺
1456	三岁孩子捡到金元宝
2072	人类首次登陆火星
1652	渔民捞起一条百斤大鱼
2019	美国再次受蝗虫袭击
1977	森林大火终于被扑灭
1690	暴雨冲毁了村边道路
1852	皇帝出宫微服私访
1763	南方旱灾农民起义

1483	福建渔民受到海盗骚扰
1054	云南发现神秘民族
2066	世界最高建筑竣工
1908	大雪封山救援受阻

选手在答题时，答题纸上的历史事件与试卷上完全相同，只是前后打乱了顺序。选手需要根据记忆写出每个事件发生的年份。如下：

_____ 猪得瘟疫大量死亡

_____ 云南发现神秘民族

_____ 月球国际工作站完工

_____ 一外国女人村口卖艺

_____ 万人江边求雨

_____ 太空旅游搞优惠活动

_____ 台风对村庄造成破坏

_____ 皇太子中风身亡

_____ 世界最高建筑竣工

_____ 神秘人偷走玉佛

_____ 三岁孩子捡到金元宝

_____ 人类首次登陆火星

_____ 森林大火终于被扑灭

_____ 葡萄产量达历年最高

_____ 渔民捞起一条百斤大鱼

_____ 南方旱灾农民起义

_____ 美国再次受蝗虫袭击

_____ 皇宫半夜失火

_____ 皇帝出宫微服私访

_____ 福建渔民受到海盗骚扰

_____ 大雪封山救援受阻

_____ 暴雨冲毁了村边道路

该项比赛采用答对得1分，答错扣0.5分的记分规则。即空着不写答案不扣分，但如果写错了不仅不得分，还要从其他答对的题目中扣0.5分。详细的记分规则请大家参考大赛官网相关资料。

9. 随机词语记忆

随机词语记忆，要求选手在规定的时间内按顺序记忆尽可能多的随机词语。这些词语按每列20个排列，选手在报名时提前向大赛组委会申报自己使用的语言（如英文、中文等）。这些词语中80%为具体名词、10%为抽象名词、10%为动词。

答题时，选手必须以列为单位，按顺序默写出每列的词语。20个词语都正确且顺序正确，该列得20分。如果有一个错误或者空缺，该列得10分。有两个或者两个以上错误，该列不得分。详细的计分规则请大家参考大赛官网相关资料。

10. 抽象图形的记忆

抽象图像的记忆对于没有参加过训练的普通人来说，是一项完全没有办法完成的任务。所谓抽象图形，是一些由电脑随机生成的没有任何意义的图像。下图为比赛题目中的一页。

该项目要求选手在规定的时间内记住每一行中5个图形的排列顺序，即自左起，第一个是哪个图形，第二个是哪个图形。

答题纸上会把每一行中的5个图形的左右顺序打乱（每个图形所在的行不会被打乱），要求选手根据记忆重新标出每行中每个图形的左右顺序，即"1、2、3、4、5"。

每写对一行可以得5分。具体的计分规则请大家参考大赛官网相关资料。

三、竞技技术的训练过程

用一句俗语来形容竞技比赛的训练非常适合，叫"三分学、七分练"。1000个小时的学习训练时间，有近800个小时是一个人的训练，老师和教练来教学和指导的时间也就三成甚至更少。

成为世界记忆大师的训练过程，大概可以分为三个阶段。

第一阶段，入门与基础阶段。

基础阶段是面向零基础学员的学习和训练。主要学习图像串联技术、数字编码技术、图像定桩技术。

在入门阶段，要基本掌握这些技术的核心要领，做到对每项技术都完全地领会，并能完成基本的记忆训练。如用能够串联法记忆30个以上的词语，能够熟悉数字编码并能记忆200位以上的圆周率（或随机数字），能够有自己的地点桩并能利用地点桩记忆圆周率（或随机数字），能够完整地记忆一副洗乱的扑克牌。入门阶段对记忆的时间没有要求，只要能做到就算入门了。

这个阶段的时间比较短，如果是兼职训练，每天1~2小时，建议在10~20天内完成；如果是全职训练，建议一周内完成这个阶段的训练。

这个阶段的难度低，训练强度也不大，大部分人都可轻松完成。但也有人连这个阶段也无法完成，感觉太难或者无法坚持。其实如果真的在这个阶段就有这种感觉，建议直接放弃后面的训练。因为这时候付出的时间、精力，包括资金投入还不大，提前放弃可以避免以后做更多的无用功。

虽然说凡事靠坚持，但是如果在这个阶段都不能坚持的话，我个人觉得提前放弃比训练上几个月再放弃要好得多。成为世界记忆大师并不是通往成功的唯一道路，既然自己真的不适合做这件事，为什么不用同样的时间和精力去做自己更适合的事情呢？

第二阶段，强化与提升阶段。

第二阶段的任务是细化编码、地点桩、图像连接等技术细节。把每个动作都训练到秒级之内甚至0.2秒或更快的水平。

在这个阶段，建议找专业的竞技教练来辅导自己。因为虽然看上去都是数字编码、图像串联练习，但高水平教练和普通老师辅导区别非常大。特别是那些多次参加过世界脑力锦标赛总决赛，并拿到GMM或者IGM称号的教练，在编码的设计、地点桩的选择上面都有自己更细致、更具体、更落地的方案。找他们具体辅导，自己的水平才会得到质的提升。

这个训练阶段是最漫长的，可能需要3个月、6个月甚至一两年的时间。不同的人在这个阶段的提升速度不同，一是看自己的天赋，二是看自己的努力程度。

所谓天赋，就是有些人的大脑天生对这些图像的东西特别有感觉，能够快速地处理这些图像。当然天赋还包括了天生的记忆能力和天生的专注能力，这些都会对训练的效果有很大的影响。

在这里提醒各位朋友一点：**越是单纯听教练的话，提升的速度就越快**。因为很多人，特别是智商相对偏高的人经常会犯一个错：总认为自己能够在原来前辈的方法之外，找到一条捷径，能用更好的方法、更短的时间达到更好的效果。

我在这里非常郑重地奉劝有这种想法的朋友：**千万不要因为自己有这种想法而去浪费时间**。教练教给你的方法就是已经经过了近千名世界记忆大师验证过的最快的方法。

当然，并不是说大家都不能创新了，否则为什么这些年还有这么多新的记忆方法出来，不断地打破世界纪录呢？

但是在自己的水平还没有扎实之前，还是应该老老实实地按教练的方法一点点地训练，不要试图去寻找捷径。等自己哪天水平已经上去了，达到了很高的境界以后，再去研究一些新的方法，搞一些创新和实验也不迟。

另外，在这个阶段，最难的就是坚持。每年参加记忆大师训练的有很多人，大部分人都是在这个阶段放弃的。特别是当自己的水平提高到一定程度以后，会出现一个停滞期。在停滞期内无论自己怎么努力、怎么训练，也不再有新的提高。这正是考验一个人毅力和信念的时候：是继续坚持下去，还是干脆放弃？

这时，专业教练的作用就发挥出来了。他们不仅能从技术方面给予我们专业的指导，还能在这个阶段给我们心理上的疏导。因为每个世界记忆大师都经历过这个阶段，都经历过这段心理煎熬的折磨，也都从这个阶段中走了出来。

第三阶段，拔高与冲刺阶段。

在这个阶段，自己的成绩已经接近或者达到世界记忆大师及格线的水平，且自己各项目的训练成绩日趋稳定。在这个阶段就要通过不断地模拟测试，来让自己适应大赛的节奏，并争取向更高的水平冲刺和突破。

一般情况下，这个阶段的训练应放在城市赛与总决赛之间的3个月。当选手的成绩稳定以后，大都可以轻松通过城市赛的选拔。这时候离国家赛和最后的总决赛还有1~2个月的时间（也有个别年份赛事日程有变动）。

在这个阶段，主要的训练任务就是模拟比赛，从赛事的环境，到比赛的口令、规则、禁忌，再到计分等，都要完全按照大赛的标准来进行。

另外，由于总决赛的几个马拉松项目都是限时1小时的比赛项目，所以在这个阶段也要不断训练自己安静地坐在赛场中全心进行1小时比赛的能力。很多选手记忆速度非常快，但是坚持15分钟、30分钟之后，就会明显出现专注力不够、体力不够等状况。这些状况导致很多选手在国家赛中能拿到好的成绩，但是在总决赛中却成绩平平。因为城市赛和国家赛的马拉松项目是30分钟，而世界总决赛的比赛时间是1小时。

在训练内容方面，该阶段开始对策略和方案进行突破。比如，快速扑克项目，因为有两次比赛机会，取成绩高的一次计入总分。所以可以训练两种比赛策略，一种是保守型策略，一种是冒险型策略。第一轮比赛采用保守型记两遍的策略，确保一张不错并能达到及格线。第二轮采用冒险策略，只记一遍，挑战更快的速度，如果一张不错，就能得到更高的分数。即使出现失误错了，也有第一遍的成绩保底。

在这个阶段，大部分时间是在模拟比赛，不管是自己一个人模拟，还是一群人在一起模拟。就像运动员一样，天天练、天天比，直到比赛成为一种生活的常态。

这个阶段，强烈建议大家找一个专业的团队，大家一起训练，一起模拟。这比一个人在家训练效果要好很多。因为在家训练，特别是对已经结婚生子的人来说，在时间上很难有不被打扰的1小时长的时间。训练反复被打断非常影响效果。而且，自己在家训练时没有好的氛围，成绩与伙伴们没有对比，很难给自己一个真实的定位。参与比赛的人越多，越容易形成紧张的比赛氛围，对培养适应大赛的心态也有很大的帮助。

总之，冲刺阶段是对最终比赛成绩最关键的一个阶段。如果说参赛之路是一场马拉松，那这个阶段就是最后的5公里。虽然我们经过37公里的长跑，已经把80%的人远远甩到了后面，但仍然有很多的选手在我们身旁努力向前奔跑着。谁能在最后的5公里发力、加速，继续向前冲，努力超越身边的对手，并坚持到终点，谁就是最终的胜利者。

下面用思维导图对本节内容进行总结。

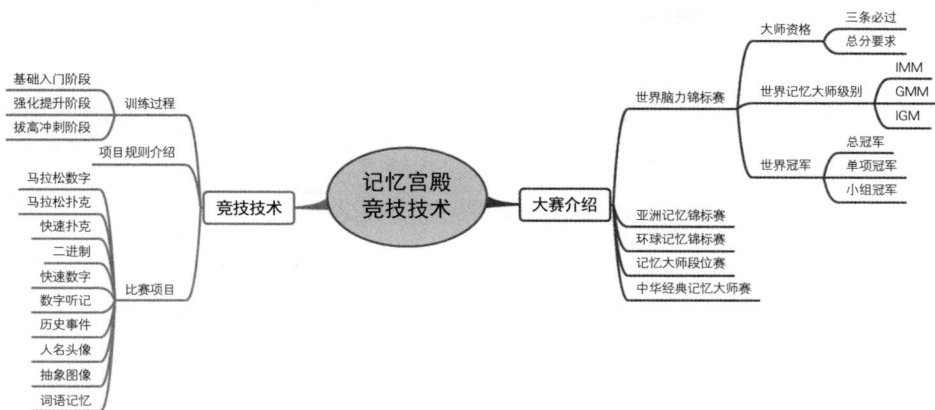

记忆宫殿竞技技术

竞技技术
- 训练过程
  - 基础入门阶段
  - 强化提升阶段
  - 拔高冲刺阶段
- 项目规则介绍
- 比赛项目
  - 马拉松数字
  - 马拉松扑克
  - 快速扑克
  - 二进制
  - 快速数字
  - 数字听记
  - 历史事件
  - 人名头像
  - 抽象图像
  - 词语记忆

大赛介绍
- 世界脑力锦标赛
  - 大师资格
    - 三条必过
    - 总分要求
  - 世界记忆大师级别
    - IMM
    - GMM
    - IGM
  - 世界冠军
    - 总冠军
    - 单项冠军
    - 小组冠军
- 亚洲记忆锦标赛
- 环球记忆锦标赛
- 记忆大师段位赛
- 中华经典记忆大师赛

作业

请为自己列一份参加世界脑力锦标赛的时间计划表。

第二节 记忆宫殿表演技术

很多人学习了记忆宫殿的技术后，难免想在别人面前展示一下自己的能力。这一节重点为大家讲述如何将记忆宫殿的技术巧妙地运用到表演当中。

一、表演与竞技的区别

表演和竞技都要使用记忆宫殿的方法，也都需要漫长的训练过程。但是这两项技术还是有很大的区别的。

区别一：竞技注重的是成绩，表演注重的是效果。

脑力竞技比赛是表面很无趣实际上很紧张的比赛。是从围观者的角度来看，脑力比赛的现场是非常不精彩的，不像运动会、艺术类比赛等，没有太多的可观赏性。

特别是马拉松项目的比赛，在一个小时的记忆时间加两个小时的回忆时间里，整个赛场异常安静，没有人走动，没有噪音，每个人都在专注地记忆和回忆。

所有的紧张和激烈都只存在于选手们的大脑中，对于一个围观者来说，看到的只是一双双专注的眼睛。

而记忆类的表演则完全不同，表演需要的是很高的可观赏性，要让观众能够感受到表演的精彩、紧张和刺激。

所以，两者追求的目标完全不同。

竞技追求的是成绩，也就是最后提交的那张答卷能够得到多少分。至于在整个比赛的过程中，选手是什么姿势，什么表情，都对最后的成绩没有任何的影响。大赛规则也不允许选手在比赛过程中因为紧张或者兴奋而大喊大叫，不允许做出任何夸张且可能影响他人正常比赛的行为。

表演则恰恰相反，需要在记忆的过程中故意把自己的兴奋、紧张，出错时懊悔、正确时激动等情绪通过夸张的肢体语言或者大喊大叫的方式展示给观众，让他们一起来分享你的紧张、刺激、兴奋。

区别二：竞技胜者为王，表演一败涂地。

竞技和表演还有一个最大的区别，就是竞技和表演对胜败的定义完全不同。

对于竞技来说，就算是在世界脑力锦标赛总决赛的赛场上，如果你发挥失常，成绩一塌糊涂，也没关系。因为除了关心你的亲人朋友，没人知道你是谁，其实压根就没人关心你的成绩是5000分还是500分。只有你在比赛中脱颖而出，拿了某个项目的单项冠军或总冠军，或者破了某个单项的世界纪录，站到领奖台上，接受台下选手、裁判和媒体的掌声时，才有人能记住你，记住你是谁、你来自哪里、你取得了怎么样的成绩。否则，你和一个观众没什么区别，没人会注意到你也曾经来过，没有人记得你也曾和冠军在同一个赛场上进行了几天的激烈比拼。

表演则不同，不管你是不是世界冠军，甚至你是不是记忆大师都不重要，重要的是你的表演有没有震撼到观众。你的表演成功了吗？有没有让台下的观众觉得你非常厉害？是否已经超出了常人能够理解的范畴？如果你成功了，就能获得很多的掌声。但是如果你失败了，那你的这次"台上出丑"在很长的一段时间里会成为观众们茶余饭后的谈资，你也非常不幸地成了他们眼中的一个"笑话"。

区别三：竞技突破的是自己，表演征服的是观众。

对于竞技来说，最大的障碍均来自自身。不论是由于紧张还是本身技术水平不够，或者其他原因导致的心理和情绪的波动对比赛产生的影响，都是需要自己通过努力和训练来解决的。而比赛现场的其他选手、裁判以及工作人员对你的影响不大，并且这类比赛的现场是不允许有观众的。只有不断地突破自己的极限，才能发挥出更好的成绩。

表演则不同，就算是表演同样的节目，就算自己水平已经稳定，但每次的观众不一样，表演的舞台环境不一样，现场的实际情况不一样，表演出来的效果就会完全不同。

给一群10岁以下的孩子表演和给一群大学生表演，尽管所用的技术一样，但不能表演相同的节目，否则无法达到让所有观众惊艳的效果。给懂记忆法的观众表演和给从来没听说过记忆法的人表演，也要采取不同的策略，这样才能让表演更触动观众的内心。给一个观众表演和在舞台上给成百上千个观众表演，又要采取不同的表演形式，才能更好地掌握与观众的距离。

不同的表演追求的效果也不一样。有的表演追求的是观众对你的信任，有的表演追求的是观众对你的敬佩，而有的表演追求的是观众对你的仰慕。这需要策划不同的表演风格、表演形式和表演内容。只有这样，才能确保表演能达到预期的效果。

区别四：竞技相对平稳，表演有太多的突发状况。

虽然很多选手在参加比赛的时候觉得太紧张，自己的成绩也会因为紧张受到一定的影响。但是竞技比赛现场相对来说已经是非常平稳的比赛现场了。

所有的比赛项目都是提前已知的，都是自己已经经过了无数次训练的项目。比赛的节奏也是完全由选手自己来掌握的，只要你没有犯规行为，裁判员和工作人员也不会来打断和干扰你的比赛节奏。现场没有人会大声说话，也不会为了烘托气氛而播放音乐，主持人、工作人员在整个比赛过程中也会保持绝对的安静。一切如高考的考场一般，你只需要关注自己面前的考题，然后尽自己最大的努力答出一份尽可能高分的答卷即可。

而表演就不会如此的平静了，甚至表演都很难保证"一帆风顺"。在表演过程中，经常会有不配合的观众说出一些千奇百怪的答案，问一些搞笑的问题。如果再有一个特别喜欢讲话的主持人和现场配乐，那表演的过程就更像是一个娱乐节目现场。

在这样的环境中，表演者仍然要通过自己超乎常人的专注能力，把需要现场记忆的信息完整、准确、快速地记忆下来，然后通过能让观众接受并惊艳的方式展示出来。

因为表演的现场不可能像世界脑力锦标赛决赛现场那样安静，可能有人会走动，可能有人的手机会响，可能有小朋友会突然大喊大叫等。甚至有的观众会突然改变主意，提出一些新的要求等。这些不确定性因素，都会对现场的记忆和展示过程产生很大的影响。

总之，从技术难度上讲，竞技对选手的专业性要求更高。但是从展示的角度来看，表演对选手的现场应变能力和适应能力要求更高。

二、表演的项目策划

一个记忆类的表演节目，表演的成功与否，除了与表演者自身的水平有关系，还与节目的表演策略密不可分。策划好了，就能弥补表演者能力和水平的不足；策划不好，就会让表演者原本的水平大打折扣。

不同场合的表演也要采用不同的策略。录播类的表演和现场的表演肯定不能用同样的策略，舞台上的表演和生活中的表演也有不同的风格设计。

以下只是针对不同类型的表演提出一些建议，在具体策划的过程中，还要根据现场的情况、表演者的情况以及经验来具体问题具体分析。

1. 电视类表演项目

电视类节目中的表演，目前大部分为录播。录播的好处是允许自己有失误（多人竞技的环节另作考虑）。就算表演过程中真的出现了失误，也可以重新来过，在最后播出时把表演成功的那一段剪辑出来即可。

另外，录播类电视节目不用考虑记忆时间的长短，就算整个记忆时间有半个小时甚至一个小时，在后期剪辑的时候也可以快速一笔带过，不影响后期观众观看节目的整体效果。

电视类节目在策划时，可以借助镜头的优势，策划一些能够通过镜头展现出来的效果。比如，记忆人的指纹、钥匙甚至更小的物品，不用考虑现场观众能否看清的问题。

如果是现场直播的电视节目，建议除了考虑上面的因素外，还要考虑备用计划（当出现失误时的补救方案）。应该说电视直播类型的表演是各类表演中难度最大、最考验表演者实力的表演形式。

2. 舞台类表演项目

舞台类表演一般是指在舞台现场表演的形式。表演者在舞台上，现场有几十名甚至几百名观众在台下现场观看表演。

现场表演时，如果表演者在舞台上的记忆时间超过1分钟，就会有很多观众失去兴趣。如果超过2分钟，就算记忆的难度很大，也已经让观众不再对表演感到震惊。如果记忆时间超过5分钟，那现场的观众可能完全没有耐心等待最后的展示效果了。

所以，在策划表演节目的时候，必须通过一定的技巧，让观众感觉表演者的记忆时间在30秒之内。这个时间点的把控，既是观众能够接受的最长时间，也是足以震撼到观众的一个时间点。

但是30秒记忆大量的信息，对表演者来说难度非常大。特别是在表演现场环境非常嘈杂的情况下，更是难上加难。前文也提到，现场表演是不允许有失误的，除非有非常好的备用方案。但是再好的备用方案，也不如能够顺利地完成表演的效果好。

以下给出一些可用来"偷换概念"的表演策略。

现场表演，经常采用现场采集信息的形式。比如，由现场的观众每人随机说两位或者四位数字、报出自己的姓氏和手机号、随机说出一个词语或者画一个符号等。这种情况下，需要主持人和表演者通过完美地配合来完成表演。

一般情况下，从第一个观众说出数字或者其他信息时，表演者已经暗藏在观众席中开始记忆了，这时候主持人会通过故意和观众开玩笑或者让观众作自我介绍等方式，延长两个观众说出信息的时间间隔。具体的策略根据现场情况可以安排让观众在白板上写出内容或者请助手在电脑上打出观众所说的内容等方式来实现。

这种策略可以让表演者在最后一个观众报出自己需要记忆的内容时，已经暗藏在观众席中完整地记忆了一遍所有的信息。

这时候如果主持人再随意地和观众聊上几句，问问观众"你们认为大师记忆这一满屏的信息需要多久？"等类似的问题。在这个过程中表演者就能完成第一遍回忆。

直到这时，主持人才把表演者请上舞台，并表演现场记忆。其实这次记忆只是做第二遍回忆。如果是一个技术过硬的表演者，第二遍回忆基本可以在20秒左右完成，所以展示给现场观众的记忆时间也就只有约20秒。

至于接下来如何展示给观众，就看个人的表演风格和现场需要了。

3. 生活类表演项目

生活类表演，是指日常生活中面对面的表演或者在家庭、办公室、饭局或者公众场所表演的节目。

这种表演随意性很强，表演的内容不需要有多大的难度，但是一定要有亲和力。这种表演需要收获观众对你的信任和敬佩。

生活类表演一般观众人数较少，往往只有三五个人或者只有一个观众。所以这类表演的随机性很强，要求表演者有"信手拈来"的表演能力。不需要提前的准备，不需要主持人的配合，甚至不需要任何道具，就能给身边的人进行记忆类表演。

对于生活类表演，建议有兴趣的朋友平时多积累一些能够表演的方法和素材，并多训练一些短、平、快的表演内容。比如，快速地记忆半副扑克牌、快速地记忆一桌人的姓名及手机号、快速记忆每个人说出的一组信息等。如果在整个过程中再加入一些游戏的成分，这个表演过程将更加精彩。

三、表演效果提升技巧

表演效果的提升，不仅与表演者自身的记忆水平有关，还与表演者的表演水平也有很大的关系。

前文中就表演流程的策划做了一些探讨，但除了流程的设计，表演的风格设计、台词的设计、道具的应用、助手的配合、音乐灯光的应用等，也对表演的效果起到很大的影响。

俗话说"台上一分钟，台下十年功"，任何的表演都要经过反复地排练。即使表演者已经是级别很高的世界记忆大师，在由竞技赛场转向表演舞台的过程中，也要经过大量训练才能做到得心应手。

表演的训练和竞技的训练有很大的区别。竞技的训练往往一个人就可以完成，只需不断在速度、准度、数量上提升自己。表演的训练则不同，表演的训练经常需要多人的配合。比如，主持人与表演者的配合，助手与表演者的配合等。

1. 主持人的作用

主持人在表演中起到非常重要的作用，甚至可以说主持人决定了表演效果的好坏。整个表演流程的节奏控制全在主持人掌握中。主持人应能够把握好时间和进度，让表演者有足够的时间来完成记忆，而且还不能让现场的观众感觉到拖沓，给人一种节目紧张、紧凑、有序、精彩的感觉。

主持人和表演者之间的磨合非常重要，所以在正式大场（几十人以上）的表演中，建议使用固定的主持人。一般建议表演者有自己的主持人，而不用节目现场的主持人。大部分情况下，可以让自己的助理（助手、助教）来担任主持人。

至于谁来表演谁来主持，要根据记忆大师和助手两个人的性格而定。一般情况下口才比较好的，能够灵活应对各种观众的一方来做主持人，性格相对内向但能力稳定的一方来做表演者。所以很多的大师在设计表演时，会亲自做主持（主讲嘉宾），而让自己的助教（或者优秀的学员）来担任表演者。这种设计展示出来的最终效果会更震撼，给人的感觉就是"他教出来的学生都这么优秀，那大师本人得有多厉害啊！"

2. "托儿"的应用

表演中很多技巧的处理并不是做假。表演本身就是演戏，不需要像比赛那样做到绝对的公平、公正、公开。表演的目标是达到好的效果，是得到观众的认可。所以，在表演中可以有艺术化的成分，可以通过一些巧妙的设计来达到夸张的效果。

表演中可以使用"托儿"。一提到托儿，大家就感觉是个贬义词，实际上"托儿"是一项技术，更准确地讲"托儿"是工作人员的一部分。

在策划利用托儿的节目时，一定是让托儿起到烘托节目效果的作用，而不是用托儿来欺骗观众。这是使用托儿不变的原则。

比如，在随意找10个观众上台参与的环节中，可以有1~2名是自己安排好的托儿。他们的作用就是在表演环节中协助表演者更好地把控时间和表演的节奏。

一般让托儿站在第四或者第五、第九或者第十的位置。当前面的观众说出特别复杂、特别难记的信息时，托儿的任务是在自己说出需要记忆的数字或者词语等内容时故意表现得犹豫不决，以此来拖延时间，为表演者争取更多的记忆时间。

另外，托儿一般不会说出特别难的记忆内容，可以降低表演者的记忆难度。但是当前面所有的观众说出的内容都很简单时，托儿要起到反作用，即要故意说一些看上去特别有难度，但可能是事先与表演者沟通好的复杂信息。这样表演的难度看上去会更大。

总之，托儿的任务就是协助表演者把节目效果拉升到一个更高的水平。

3. 记忆术表演总结

记忆术的表演，不仅需要过硬的记忆能力，还需要巧妙的设计、幽默的语言、独特的表演风格，以及声、光、电、道具和工作人员的配合。

表演就是一场演出，一定要有彩排，一定要准确地计算时间、舞台的走位、音乐的配合等诸多方面。想让表演出彩，除了表演者要在记忆基本功上多加锻炼之外，对主持人的要求也非常高。一个好的主持人不仅能够准确把控节目的节奏，更重要的任务是带动观众的情绪，使节目效果达到最佳。

好的效果给到观众的是好的情绪体验。所以表演者（包括主持人）要多学习演讲的技巧、互动的技巧、幽默的技巧等，让观众能够在一种既轻松愉快又紧张刺激的情绪下欣赏表演者的绝活儿。

俗话说"三分实力，七分表演"。一场好的节目要进行反复斟酌、反复彩排、反复修改，并通过实际表演来不断复盘、查找其中可以优化的环节。经过多次的磨合以后，节目一定会越来越精彩。

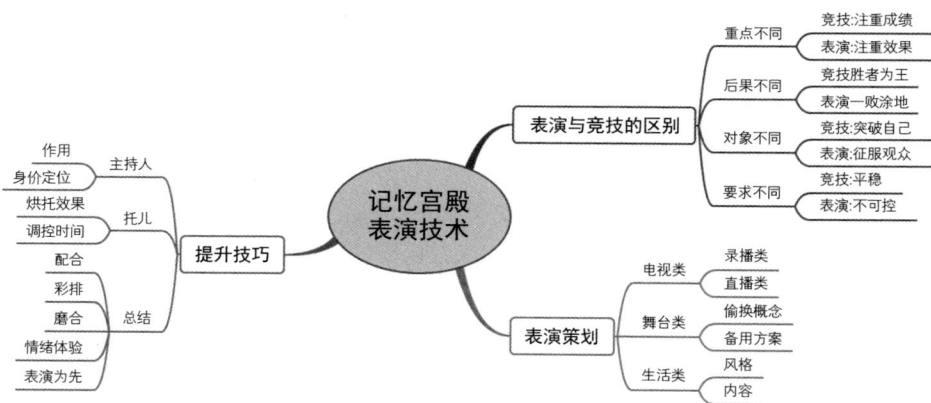

请为自己设计策划一个可用来表演的记忆类项目，并写出详细的表演流程和注意事项。

第三节　记忆宫殿应用技术

这一节主要为大家讲述记忆宫殿技术在学科知识类材料的记忆中的应用。学科知识，不论是中小学的学科知识，还是大学、成人考试的知识，需要记忆的内容都特别多。虽然记忆不是解决一切学科问题和应对一切考试的充分条件，却是必要条件之一。

学科类知识最大的特点是面广、点多、零散、多样。比如，医学类知识和法律类知识就不能相通，古汉语和工程类知识更是驴唇不对马嘴。

但不管怎么变化，只要有文字信息，只要通过死记硬背的方法能够记住的知识，同样可以通过记忆宫殿的技术来记住，并且记忆效率会更高。

一、应用与竞技的区别

有一个非常好的比喻：如果把竞技记忆比喻成奥运会的比赛，那记忆表演就是娱乐性表演赛，而记忆宫殿的应用技术就是特种兵的日常训练了。

为什么这么讲？

竞技记忆是提前规定好的比赛内容，而且每个参赛者都已经用半年甚至更长的时间反复演练了比赛的内容，比赛的每个环节都是提前已知的，比赛的环境也是和自己训练时完全一样的。比赛时只需要做到"更快、更多、更准"。

这就如同"百米"赛跑一样，每个运动员都已经知道长度就是100米，跑道就是这么长、这么宽、这么硬，起步就是这样的动作、终点就是这样的设计。这一切都是提前规定好的。运动员们需要做的就是在不犯规的前提跑得更快、再快、再快！

而在记忆宫殿的应用中，我们往往不知道要记什么内容，不知道要记多少内容，也不知道我们应该记得多快才算是快，更不知道我们应该用什么的方法来记才是更好的。一切都是不可控的，需要靠我们的经验和实力来临时决定策略应对它们。

这就如同野外定位比赛。选手们只知道一个目的地，但是连路线都需要自己去研究，更不知道路有多远，100米还是一公里，自己选的路线对不对。更重要的是，不管你选择哪条路，都不可能像百米赛道那样一马平川。路上可能有泥泞，也可能有挡路石，或者根本就没有路，全是丛林、沼泽甚至悬崖峭壁。行走的过程中还可能有陷阱、猛兽甚至有敌人的攻击，同时还可能会面临寒冷、酷暑、风雨雷电，或者饥饿甚至伤病。

如何在这样的环境中走下去，走到终点，到达目标地，这才是记忆宫殿应用技术要做的事。

二、应用技术核心

通过上面的比喻，我们应该知道记忆宫殿应用技术的核心，就是处理各式各样的文字材料。通过前面知识的学习，我们已经知道，快速记忆的核心是图像处理技术。所以如何把各种学科、各种类型的文字材料转换成图像，是应用技术的核心。

经过反复实践，我们总结出一套适用于所有类型材料的图像转换技术。大概可以分为以下几个步骤。

理解 ➡ 整理 ➡ 转化 ➡ 链接 ➡ 定桩 ➡ 回忆

现在对以上六个步骤做简要的说明：

1. 理解

理解的前提是读准、读熟。特别是应对考试的知识点，更应该做到熟读。如果连熟读也无法做到，谈何记住？

理解是真正的理解，而不是会读。我之前辅导学员时发现，很多人对"理解"的理解有误差。真正的理解是什么？真正的理解并不是能够读出字面的发音，而是真正理解文字所表达的意思。比如，关于"刑法和民法的区别"的论述如下：

根据相关法律的规定，民法是指调整平等主体之间的人身关系与财产关系的法律规范的总称；刑法是规定犯罪、刑事责任和刑罚的法律规范的总称。

二者的区别有以下几点：调整对象的不同，民法调整的是平等主体之间的财产关系与人身关系，而刑法调整的是犯罪行为，对于其他行为不予调整；适用原则的不同，民法适用的原则是法无禁止即自由，刑法适用的原则是罪行法定；承担责任的方式不同，民事责任主要是赔礼道歉、赔偿损失等，刑事责任主要是对人身自由的限制。

这种类型的材料，主要特点是生涩、枯燥，无法直接形成图像。所以，对此类材料对"理解"的要求就比较高。必须要做到上面所说的"真正理解"。

对于这段文字材料，如果只是阅读出来，读得再准、声音再洪亮也不能代表真正的理解。真正的理解就是不通过原文，也能用自己的话把这段文字表达的意思讲述出来，并知道以上文字中每句之间的逻辑关系。

如果做不到这一点，后面的步骤无从进行了。所以在这一步中，一定要做到"真正理解"。如果文字材料叙述的内容确实有难度，无法做到真正理解，建议通过查询相关辅导资料或者通过咨询该专业的老师来帮助自己理解。大家切记：千万不要自欺欺人，把能够读出来就视为理解。

这一点在后面讲到古汉语记忆的时候会有另外的解释。

2. 整理

整理，是根据自己的理解，归纳总结出文字材料所表达的内容的核心框架。比如，上文中主要讲了三点区别（这一点很容易看出），分别是"调整对象、适用原则、承担方式"。这是整理出来的第一层。

调整对象不同：民法主要针对财产和关系，刑法是犯罪行为。

适用原则不同：民法是法不禁即可为，刑法是罪行认定。

承担方式不同：民法是赔礼道歉或者赔偿损失，刑法是限制人身自由。

请注意，这并不是又重新描述了一遍原文，而是自己真正搞明白了其中的区别。比如，"我借了你500块钱死活不还给你"和"我骗了你500块钱"就是完全不同的两个概念。一个是由民法来解决的，一个是由刑法来解决的。

在整理出第一层的结构后（调整对象、适用原则、承担方式），感觉自己还不能完全记住具体的内容，需要再对后面的解释做第二层结构整理。

调整对象不同：财产——犯罪。

适用原则不同：禁止——认罪。

承担方式不同：赔——关（拘留或者坐牢）。

这时候再根据上面整理出来的核心关键字进行内容复述。如果能做到，就完成了"整理"工作。如果做不到，需要再增加关键字。一般情况下，建议大家不要做出第三层处理。因为这样做会增加后期图像处理的难度，不但不能提高记忆的效率，相反会让这件事变得更复杂。

3. 转化

转化就是把整理出来的核心关键字转化成便于记忆的图像。在本书第二章第三节中，详细讲述了"图像转换技术"，不再赘述。

在此提醒大家注意，在进行图像转化的时候，如果意思相近的词语太多，建议使用谐音法。比如，"经济、财富、货币、工资、收入"等词语用代替法进行转换时，都容易让人想到"钱"，这样就容易发生混淆。但如果采用谐音法，分别转换为"荆棘、彩服、火币、公子、手乳（护手霜）"就可以轻松地区分开了。

但并不是全部用谐音法就能解决这个矛盾。谐音法也有其弊端，比如，上例中"手乳"的图像是一瓶护手霜，在回忆的时候谁又能保证你回忆出来的文字是"手乳"而不是"护手霜"呢？

所以，检验转换是否合理的唯一标准就是：**通过图像能够准确地回忆出其代表的原词。**

4. 链接

链接有两个层面的意思。第一个层面是**关键字与图像之间的链接**，第二个层面是**图像与地点桩之间的链接**。简单地理解，就是把需要记住的关键字通过图像转化技术和图像定桩技术保存到大脑中。

链接的动作自始至终是一直在进行的。从最初的抽取知识框架（即整理）开始，就是链接的一种，一直到最后一个动作"回忆"仍然是为了让相互之间的链接更加牢固。

记忆宫殿记忆法之所以能够实现快速记忆，核心原理是图像的处理速度更快。但是如何记清图像与原始信息之间的对应关系？就是靠链接。

所以，**一切记忆都是链接。**

串联是图像与图像的链接，编码是数字（扑克）与图像的链接，定桩是图像与地点的链接。所有的记忆技巧都是链接的一种，理解了这个概念，记忆的技术就变得更加通透了。

5. 定桩

定桩技术在上一章中也有过详细的介绍。在实用记忆中，定桩会更加自由，更加随意。特别是对零散知识点的记忆过程中，一般情况下不采用提前储备的房间作为地点桩。

前文曾经说过，对于一个记忆大师来说，一般情况下需要提前储备几百套（几千个）地点桩，来应对数字和扑克的记忆。有的地点桩10个一组，有的地点桩30个一组。

在应用记忆中的地点桩，一般采用现用现找的模式。也就是说，我需要记忆一个什么样的知识点，就现找一组与这个知识点有关系的地点桩。

比如，要记忆有关"郑和下西洋"的相关知识，一般情况下，通过上述的"理解、整理、转化"三个过程后，确定该知识点需要5个地点桩来记忆。这时就去网络上找一张与"郑和下西洋"有关的图片，并从图片上找到有标志性的5个点作为地点桩。当然也可以自己手绘一张与此相关的草图，并在草图中画出一些有标志性的点作为地点桩。

还有一种思路就是用文字桩。在第二章中也对文字桩有过介绍，用文字桩对应记忆有特殊的优势。特别是在记忆一些有固定答案的问答题、名词解释等知识点时，使用起来非常方便。

但是，并不是所有的应用都不需要提前储备地点桩。如果记忆的是信息量庞大且比较系统的信息，就要用到提前储备的地点桩。比如，记忆《道德经》全文，《道德经》共有81章，每一章都没题目，且内容均为生涩拗口的古汉语。对于这类的知识点，就可以用之前储备的81个房间来完成对知识的记忆。

6. 回忆

最后一个环节是回忆。大家千万不要忽略了这个环节，因为实用记忆的回忆与竞技类记忆的回忆有很大的区别。对于竞技类记忆来说，在回忆的过程中只要能回忆出图像即可。比如，记忆一副扑克牌，在回忆时，只要26个地点桩上面的图像清楚，即完成了回忆的过程。竞技类记忆的回忆完全不用考虑地点桩上面保存的图像"二胡"代表的是哪张扑克牌，因为二胡对应的牌已经烂熟于心了。

但是实用记忆则不同，在回忆的过程中，既要回忆地点桩上保存的图像，又要回忆这个图像所代表的关键字。

比如，在地点桩上保存了一个"锤子"的图像，那这个图像代表的关键字是什么？假定在这一步能够准确地回忆出"锤子"代表的关键字是"打击"，但回忆的过程尚未结束，我们还需要做进一步的回忆。"打击"什么？也就是说"打击"所链接的那句完整的话是什么？至少我们要回忆出打击的对象是什么。这些都是需要回忆的内容。

简单总结，回忆有三个层面的内容。

首先要回忆出地点桩上面保存的图像。

其次要回忆出图像所对应的关键字。

最后要回忆出关键字所代表的完整句子或者观点。

三、一般性文字材料的记忆

很多人认为中国的古汉语特别难记。古汉语包括古诗、词、古文等几个方向。其中比较好记的是古诗和词，因为这类文体一般比较押韵，而且不会太长。相对难记的是古文，古文又分为独立的古文和成系统的古文。比如，《道德经》《孙子兵法》《庄子》《论语》等，就属于系统的古文，它们并不是一篇，而是一个系列，包含的文章从几十篇到上百篇不等。

1. 古诗的记忆

古诗、词一般篇幅比较短，所以这里给出一个让大家觉得与本书的理论相悖的建议：**如果能够通过简单地读背就能记忆的古诗词，不建议启用记忆法。**

为什么这样讲？因为很多四句诗，意境非常好，而且读起来非常流畅。这种情况下，如果能够集中精力，读上三五遍就能轻松地记下这四句的内容，为什么还要再花时间来进行转图、定桩等一系列的操作呢？

当然在进行死记硬背之前，建议大家先认真地理解一下诗的意境。最好是能够在大脑中想象出作者所描绘的意境。只是在形成这个场景图像的过程中，只参考作者原文所表达的意思，完全不考虑"关键字、谐音、代替"等图像转换技术。简单讲，就是作者写了什么，我们就想什么。

如"两只黄鹂鸣翠柳，一行白鹭上青天"，看到这两句诗，就直接在大脑中想象出"两只小鸟在树上唱歌，一排大鸟在天上高飞"这样的场景。这样的场景一旦在大脑中形成，再把这两句诗读上三遍，就可以轻松地记住了。

2. 长诗的记忆

对于长诗，在以上方法的基础上配合地点桩，就能轻松完成记忆。

比如，《琵琶行》《长恨歌》《氓》这种长诗，虽然记住其中的一句非常简单，但是整体全部按顺序记下来，单纯靠死记硬背就有些难度了。

这时候我们就采用"**场景联想+死记硬背+地点桩**"的方法巧妙地解决了这个问题。

比如，记忆《琵琶行》时，我们可以每两句诗想象出一个场景。如"移船相近邀相见，添酒回灯重开宴"这两句，首先根据原文的意思想象出"将一只小船划过去，邀请对方一起，然后重新坐下来喝酒上菜……"的场景，快速地读上几遍，并把这个场景保存到提前准备好的一个地点桩上。

在这个过程中请大家注意：地点桩上保存的不再是单个物品的图像，而是一个场景。整篇《琵琶行》需要用地点桩按顺序保存四十多组这样的场景图。每个场景图代表一句诗（上下句各7个字，共14个字）。

长诗地点桩的选择方案参考本小节下文中介绍的长篇古文记忆的地点桩选择方案。

此方法同样适用于《三字经》《弟子规》《千字文》等押韵、对仗的古文。

3. 古文的记忆

古文是指那些既不工整对仗，又不押韵的文章，如《岳阳楼记》《三峡》《出师表》等古文。

古文的记忆，建议大家采用七步法来完成。

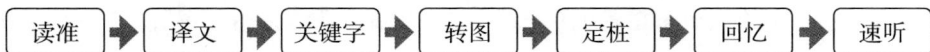

读准 ➡ 译文 ➡ 关键字 ➡ 转图 ➡ 定桩 ➡ 回忆 ➡ 速听

第一步，读准。

在这里再次强调"读"在记忆中起到的作用。虽然"读"属于声音记忆，属于死记硬背的范畴，但是只要记忆的是文字信息，无论图像记忆多么强大，一定离不开"读"。

前文已经说过，有些简单的古诗可以直接通过读的方式来记忆。而对于相对复杂的古文，"读"这个过程仍然可以起到很大的作用，甚至简单地通过读就可以完成一半以上内容的记忆。

这时需要再强调的一个观念是"读准"。为什么专门强调"准"字，是因为对于这些生涩的古汉语来说，如果在第一次读的过程中因为粗心或者其他原因读错了发音，那么后期将要用几倍的时间来修正自己声音记忆的错误。所以这里请大家注意：**如果在原文中有生僻字或者不能确定读音的字，一定要先通过查阅资料或者请教他人的方式确认它们的读音。**

在保证自己读出来的声音没有错误的情况下，建议大家**至少读三遍**，达到能够熟练朗读的程度。这将对后面的记忆有很大的帮助。

第二步，译文。

所谓译文，并不是让大家一定要把古汉语翻译成白话文，而是要帮助大家真正理解原文所表达的意思。

这个过程建议大家参考相关的资料，直接阅读别人的翻译或者解析，做到能理解作者的意思即可。对于其中的实词、虚词等具体的含义、用法等可以跳过。（因为这些知识属于语法知识，并不是记忆宫殿这本书所涉及的范畴，在这方面建议找专业的古文老师指导。）

注：如果大家记忆的是像《金刚经》《易经》等非常难懂且学术界对翻译有争议的内容，大家可以跳过"译文"这一步，根据经验，不理解这些内容基本不影响记忆的效果，但是这会影响记忆的速度。而且从更长远来看，通过这样做想做到脱桩可能需要更长的时间（脱桩的概念后面有解释）。

第三步，关键字。

关键字即在一句话中能帮助我们回忆整句话的字，也有人称之为关键词。这里需要特别强调的是，关键字并不一定要是句子的主语、谓语、宾语，有时候关键字也可以选用一些虚词。

比如：

太上，不知有之；其次，亲而誉之；其次，畏之；其次，侮之。

以上四句话，如果找四个关键字来代表，可以用"有、誉、畏、侮"，这是最好理解的找法，因为分别能代表每句话的意思。

但是对于有些理解能力非常好，却对古文的虚词记忆不太敏感的人来说，对实词只要理解了意思自然就能记住，相反其中的虚词却容易忘。于是可以用"太上、其次、其次、其次"作为关键字，一样能帮助记忆。

初学阶段，在找完关键字后，可以把关键字单独列出来，只看着关键字，尝试复述原文。如果能顺利地复述原文（基本完整即可），说明找到的关键字是适合自己的思维习惯的，是能够帮助自己记忆的。如果经过多次复习仍然不能根据关键字回忆出原文的大概内容，这时最好更换为其他的关键字。

第四步，转图。

转图，即把关键字转换成清晰的图像。在前文有关古诗的记忆中，我们介绍了直接按照原文描写的意境进行转图的方法。在记忆古文时，如果自己古文基础较好，能够根据作者描写的意境回忆原文，也可以省掉关键字环节，直接把原文转换成图像。

比如：

林尽水源，便得一山，山有小口，仿佛若有光。便舍船，从口入。初极狭，才通人。复行数十步，豁然开朗。

对于上面这段古文，因为作者描写的全是非常形象的景色，所以只要理解了原文的意思，就非常容易直接形成图像。在这种情况下，可以省略掉找关键字这个环节，直接将每个句子转成一个鲜明的图像。

上文可以形成以下几个供大家参考的图像。

水流到山前、山洞发光、人下船钻洞、人在洞中、洞口外面的情景。

当然也可以利用关键字来帮助记忆，并转换成图像。如选出的关键字是：

水、山、口、光、船、入、狭、通、行、豁

第五步，定桩。

定桩的用法前文中已经做了详细说明。在此主要强调几点：一是对于单篇古文记忆的地点桩选择，建议选取与文章主题相关联的图片或者照片；二是建议先对文章进行分节处理，再根据分节的数量在图片上选取地点桩；三是如果古文太长，超过20个小节，可以用两张图片来定义地点桩。

如果记忆的并不是单篇的古汉语，如要记忆《道德经》，这本书共有81章，每章都有几十字到上百字不等，那么建议使用提前储备的房间的记忆。比如，使用"百图千桩"系统，利用100个现成的房间中的前81个，每个房间记忆一章。如果某一章稍长，需要的地点桩超过10个，可以在原房间内再临时增加几个地点桩。

此方法适用于记忆国学经典的长篇，如《道德经》《孙子兵法》《孟子》《论语》《诗经》等。但是同一组地点桩不能同时保存不同的内容。比如，某房间已经保存了《道德经》第7章的内容，就不能再用于保存相同类型的信息，以免发生图像混淆现象。《道德经》的其他章节、其他的国学经典均属于相同类型的信息。但如果用该房间来记忆数字或者扑克牌，并不会受到影响，因为数字、扑克牌与国学经典不属于同类型的信息。

第六步，回忆。

前文已经提到，回忆有几个步骤，也可以称为几个层次。

第一层：回忆地点桩及图像。

第二层：回忆图像代表的关键字（如果用原文直接出图，此步骤可以省略）。

第三层：回忆图像（关键字）代表的原文。

回忆的最终目的是回忆原文。

回忆的时候希望大家养成一种习惯。就是只回忆，不看原文，哪怕是有些地点桩上的图像或者其代表的关键字、原文回忆不起来。等全部回忆完成后，再统一复习遗忘的内容。

因为在回忆的时候，如果想不起来就翻看原文，容易让大脑养成一种懒惰的习惯。自己通过努力回忆能够回忆出来的内容再次遗忘的可能性要远小于直接看原文来复习后再次遗忘的可能性。

所以，回忆的最好方法是闭上眼睛，非常纯粹地回忆。而且随着回忆次数的增加，回忆的速度要越来越快。等自己基本熟悉以后，回忆就要加速进行，可以在回忆的过程中直接跳过自己非常熟悉的内容。

掌握好的回忆方法，对提高记忆效率，减少复习次数有非常大的帮助。

第七步，速听。

所谓速听，也可以叫速读。这里读是指朗读，而不是阅读。在这个环节，是要通过声音记忆的力量来帮助大脑更好记忆原文的细节。

因为前六个步骤能够完成的是记忆原文的大概内容，即结构、框架、关键字和原文的大概。但是如果想要记到一字不错的程度，还需要借助声音记忆的力量，因为毕竟在图像记忆处理的过程中，并没有把每一个字都转换成图像。我们也不建议这样做，因为会额外增加太多的图像，从而增加大脑处理图像的难度，不如直接用死记硬背的模式来处理效率会更高。

毕竟原文80%以上的内容已经记下来了，唯一需要细化的只是一些连词、虚词等无关原文主要内容的字。这时候只需要多读、多听几次，就能自然记住这些细节。

所谓速听，是指借助电子设备（如手机、复读机、录音笔、电脑等）倍速播放原文的朗读录音，达到同一时间内能重复听更多次数的目的。

如果有条件，速听时建议用自己读的录音。读时要发音清晰、语速均匀且不宜过快，每个小节读完稍加停顿。在播放时可以从2倍速开始，逐渐提高速度，当自己对原文内容记忆基本熟悉后，可以提高到3倍、4倍甚至5倍速来听。

在听录音时，如果能做到边听录音，边同步回忆地点桩和图像，其记忆效果更佳。

如果没有条件使用电子设备辅助速听，可以采用自己小声并快速朗读的方式。声音大小以自己能听到为宜，速度越快越好。在朗读时与回忆一样，随着自己对原文内容的熟悉，在不断加速的同时，可以选择性地跳过自己已经非常熟悉的内容，只读相对生疏的部分。

速听并不是单纯地死记硬背，而是在大脑中已经有了原文对应的全部图像之后，用来强化细节的一种辅助方案。永远不要忽视死记硬背的力量，当我们能够巧妙地用好这种能力，再配合记忆宫殿图像记忆的力量时，才能有如虎添翼的效果。

四、系统性材料的记忆

系统性材料是指某专业系统知识，如医学类、法律类、建筑类、经济类或者其他行业的知识。这类知识的特点是专业性强、专业名词较多、专业名词出现的概率高、有大量的类似表格、手册类的信息需要记忆。

比如，需要记忆中医的相关知识，其中涉及几十种症、病、不同的表现，每种病还涉及不同的药方，每个药方里面还有很多味药的名称和数量。对于这种类型的知识，除了日积月累，还可以利用记忆宫殿的方法快速地记忆。

系统性材料记忆的思路如下：

第一步，做一套独有编码体系。

所谓独有的编码体系，是对材料中反复出现的高频词统一制订图像编码。比如，在药方中会反复出现"黄芪"，可以把"黄芪"定义为图像"黄旗"。再如，在症状中有"舌干"，可以将其定义为图像"蛇干"。

第二步，把常见的病定义成不同风格的房间。

比如，可以按照五个脏器的五行属性定义五种不同色调、不同风格的房间。如胃的五行属土，就全找土房子、砖房子、山洞或者与土相关的房间、景区图片，并在上面找到可用的点。这样以后所有与胃病有关的药方全部可以保存在"土房子"里。当然按中医更专业的说法，还要区分实症、虚症以及与五行无关的气、血方面的病，这些均可借鉴这种思路来找地点桩。

第三步，定桩记忆。

材料中涉及的数字可以借助数字编码来记忆，如"15克"可以用数字"15"对应的编码图像"鹦鹉"与该药的图像进行串联。

后期优化：对一些常用药的组合进行专门的编码记忆，对不同药和不同症状的对应关系进行专门的编码记忆，出现频率并不高的药物无须提前编码，直接用谐音或者代替法来转图记忆。

第四步，复习。

复习回忆时，建议一方面根据中医专业的知识体系直接回忆相关内容，另一方面把通过记忆宫殿记忆的内容作为一种补充。这样可以尽可能脱离编码图像对原内容的影响，确保后期实际应用中可以达到快速、高效的目的。

任何专业知识的记忆都是个复杂的过程，其对知识点的梳理要远胜过对知识点的记忆。有位记忆前辈曾经说过这样的话："**靠理解就能记住的内容，千万不要**

启用记忆法。"专业知识的记忆更是如此。

只有当重复性太大，靠理解记忆容易发生混淆的时候，记忆法才能发挥很好的辅助作用。比如，需要记忆的内容中涉及大量数据的时候，比如，在工程类知识中涉及重量、长度、高度、温度等数值，在法律类知识中涉及时间、金额、年龄等数值，这样的知识点除了理解外，还要靠死记硬背来记忆这些数字。这时借助记忆宫殿系统和数字编码来记忆，可以保证记得准确，后期回忆时不会出错。

五、零散类知识点的记忆

所谓零散知识点，即很多独立存在的与其他知识点无关联的信息。如地理知识中的"世界上最深的地方是马里亚纳海沟"，历史知识中的"中国最早的农书是《齐民要术》"等。

对于这类零散的知识信息，一般采用串联联想的方式记忆。即对题干和答案内容分别转图进行串联，形成一个组合的图像场景。以下是部分题目的应用实例。

世界上最早的纸币是"交子"。

图像转换："交子"通过谐音法转换成图像"饺子"。

联想图像1：一张纸币上画的图像是"饺子"。

联想图像2：从一盘煮熟的饺子中发现了一张很旧的纸币。

联想图像3：用纸币当面皮包饺子。

世界上最长的裂谷是"东非大裂谷"。

图像转换："东非"通过谐音法转换成"冬飞"，转换成图像"冬瓜在飞"。

联想图像1：有一条裂谷很长，有一个巨大的冬瓜在裂谷中飞行。

联想图像2：有一个冬瓜在空中飞行，突然坠落到了一个很长的裂谷中。

联想图像3：有一条裂谷很长，从裂谷中飞出来很多的冬瓜。

对于这类零散的知识点，不论是哪种类型、哪个学科的知识，均不建议采用定桩法来记忆。该类型的知识记忆的思路类似于世界脑力锦标赛中的"虚拟历史事件"比赛项目，直接用题干和数字编码串联，而不需要定桩。

对于这类题目，训练的主要方向是"快"。即每看到一个这样的知识点，可以在几秒之内轻松形成串联图像。

对此类知识点的复习，建议把题干和答案分别列出来，通过快速浏览的模式回忆大脑中的图像。快速浏览题目用于回忆大脑中的图像，保证答案的图像还在。快速浏览答案是为了复习图像对应的原词，保证不会写出错别字。如大脑中的图像是"饺子"，不能把答案写成"娇子、交仔、角子"等，而应该是"交子"。

要记忆考试原题的知识点，这种方法是最好用的。

六、英文单词的记忆

英文单词的记忆包括几个部分：单词的中文意思，单词的拼写，单词的发音，单词的词性及时态变化，单词的用法等几个部分。其中单词的变化和用法属于英语语法的范畴，鉴于本人水平所限，在此不做讨论，建议大家找专业的英文老师请教。

记忆宫殿涉及的方法，主要用于记忆单词的中英文互译。即当你看到一个英文单词的时候，能知道它的中文意思；当给出一个中文的时候，能写出与它对应的英文单词。

1. 传统记单词方法的优缺点

传统的记单词方法大都是死记硬背。即简单地重复听、读、写、默的过程。比如，记单词"apple"，苹果。首先会反复地读"apple，apple，apple"，然后重复中文"苹果，苹果，苹果"。再进一步就是反复读写"a-p-p-l-e，a-p-p-l-e"，直到认为自己已经记住为止。

用这种方法记单词，简单、直接、纯粹，缺点是费时，越长的单词耗费的时间成本越高。我记得在初中阶段学的最长的一个单词是"disappointed"。虽然已经过去了很多年，但这个单词我仍然熟记在心，就像是初中时要求背诵的那篇英文课文一样，几十年不忘。

"One day a little monkey plays in a tall tree near the river. A crocodile swims slowly near the bank with her son. She…"

可能很多人会有疑问：为什么这么长的单词过了这么多年还不会忘掉呢？

之所以这些信息过了几十年还能在大脑中保存得如此完整，是因为这是当年自己花了最多的时间来背诵的内容。因为单词太长，所以可能要花比其他的单词多几倍甚至几十倍的时间来背诵它们。因为花的时间和精力远远超过其他的单词（课文），所以每次提起有关学英语、背单词的事，就会在大脑中浮现出这个单词和这篇文章。每一次谈论有关背单词或者背课文的事情，其实就相当于又把这些信息在大脑中回忆了一遍。

所以，事实上并不是几十年不忘，而是这几十年中你可能反复地复习、回忆了很多遍。

死记硬背法记单词最大的缺点是速度慢，且连续记忆的数量有限。比如，让你一小时内连续记100个全新的单词，是不是感觉难度很大？那如果让你用一天时间记500个甚至更多的单词呢？是不是觉得不可能完成？

但是传统记单词的方式也有它的优点。靠死记硬背记住的单词，在回忆的时候反应快，能够快速地进行中英文互译，在阅读和写作的过程中使用的效率高。

2. 图像法记单词的优缺点

这一节给大家推荐的记忆方法，是图像法记忆单词。大概的原理就是把单词的意思（中文意思）转换成图像，把单词的拼写也转换成图像，再把两组图像连接成一个整体的图像。

比如，单词"hesitate"，中文意思是"犹豫不决的，拿不定主意的，犹豫"。

把单词进行拆分："hesitate=he+sit+ate"。

把拆分的单词转换成图像："他+坐+吃＝他坐在那儿吃"。

把中文意思转换成一个图像：拿着筷子看着满桌子的菜不知道吃哪个好，左右摇摆，犹豫不决。

形成一个完整的图像：他坐在桌子旁边，看着满桌子的菜犹豫不决，不知道吃哪个好。

配合声音："他、坐、吃"。

图像记单词的优点是记忆的效率高，基本上看一遍就能记住（前提是有别人拆分和设计好的图像记忆策略），并且可以连续记相当数量的单词。如果能够保持精力集中，且图像记忆策略非常好的情况下，可以一小时记100个甚至更多的单词，可以在一天的时间内轻松记忆500个以上的单词。很多人通过这种方法，在三天时间内完成了对3500个常用单词的记忆。

图像记忆法也有它自身的缺点。比如，它需要在单词原本意思的基础上增加很多附加出来的图像，这些图像原本是与单词本身没有任何关系的。比如，上例中的"hesitate"原本意思只是表示"犹豫"的状态，但为了帮助记忆，我们额外给这个单词添加了一个主人公"他"，还有一张桌子、一把椅子，以及满桌子的美味佳肴。所以在回忆这个单词的时候，大脑中肯定要不断地出现以上无关的图像信息。这甚至在某种程度上会影响我们对单词本身意思的理解。

正是由于上述缺点，目前很多的英语老师和英语教育专家极力反对上述记忆方法，他们认为这样完全违背了学习语言的基本原则，并且会让英语学习走上一条歧路。

我作为一个曾经辅导过很多人用这种方法记单词的老师，在此也表达一下我个人的观点。总结成一句话：**你们说得都对，但这并不能说明我错了。**

我也承认，最科学的方法是通过词根、词缀、词源等来记单词。我也一直对很多人这样讲：如果你通过简单的听说读写外加个人的经验就能轻松地记住单词，就不要启动图像记忆。

这句话如何理解呢？就是说，如果你英语基础很好，你自律性好，你对英语单词有自己独特的理解和记忆方法，那你继续按你的方法去做，一样可以轻松记住单词。很多专业的英语老师讲的有关记单词的方法也非常好，而且从英语学习的角度来对比，确实比我的方法要专业得多、科学得多、正规得多。

但唯一不好的一点就是，很多人不喜欢。不喜欢的原因并不是他讲得不专业、不优秀，而正是他讲得太专业了、太优秀了，所以对于很多英语基础差、没有耐心的人来说，他们没有耐心听完那么多知识。简单讲就是：太麻烦了，这么多的东西，让我看不到希望，算了，还是放弃吧！

所以，我在这里再次郑重强调：本节所讲的有关记忆单词的方法仅用于想快速突破记单词这件事情的人，特别适用于那些基础比较差又想在短时间内突破单词大关的人，图像记忆法也许是条能让你偷懒的捷径。

3. 有没有更科学的记忆方法

也有人会说，其实世界上原本就有更科学的记忆方法。比如，"词根—词缀法""单词原型法""逆向记单词法""五到记单词法""对比记单词法"等。但这些方法都有一个共同的特点：**学习时间长、见效慢、需要大量地学习和总结。一**

旦掌握，能力提升百倍。

那世界上有没有既省时省力又快速高效的记单词方法呢？

我的理解是：没有。但是可以借百家之长，灵活运用。比如，把图像记忆和死记硬背相结合，可能算得上是一种"鱼和熊掌兼得"的策略。

比如：在记忆陌生单词的时候，为了追求更高的效率，采用单独的图像记忆法，快速地把单词记一遍，然后通过后期反复地回忆、默写等来强化记忆的效果。具体的记忆策略稍后的章节会详细讲解。

4. 单词记忆的几种策略

英文单词转换成图像记忆的策略有很多，而且每个单词都可以有不同的记忆策略。在此举例介绍几种常用的方法：

谐音法： 即按照单词的发音转换成图像。很多的外来词汇就是根据发音翻译过来的，如"jeep, sofa, coffee, humburg, guitar, microphone"等。

我们可以借鉴这种方法，对一些发音与某个中文意思接近的单词进行谐音转换。如：

bandage —— 绷带

谐音：绊大哥

联想出图：大哥被绊倒摔伤了，赶紧用绷带帮大哥包扎好

形似法： 某个单词的拼写与某个物体或者场景相似。比如：

loom —— 织布机

loom 与 100m（一百米）非常相似，所以可以把该单词与"一百米"的某个场景联系在一起。比如：有台织布机上织出了100米长的布。

形似法的字母及组合有：

oo —— 眼镜、数字00、望远镜

b —— 数字6

r —— 小草

u —— 杯子

n —— 门

f —— 雨伞、拐杖

s —— 美女、蛇

……

拼音法： 即按拼音或者拼音首字母进行联想转图。比如：

palm —— 手掌、棕榈树

单词拆分：palm=pa+l+m

拼音及拼音首字母转换：pa（怕）+l（老）+m（妈）

结合单词中文意思及上述转换形成场景图像：怕老妈用手掌打我，我爬到棕榈树上躲了起来

单词拆分法： 将一个单词拆分成几个简单的单词，并联想成图像来记忆。如前面所讲的"hesitate"拆分成"he + sit + ate"。类似的单词也有很多。

capacity = cap + a + city

candidate = can + did + ate

注意：单词拆分法和复合词的记忆是两个概念。比如"blackboard，football，subway，classmate"等，这些单词属于标准复合词。"foot——脚、ball——球"合在一起就是"足球"。这样的单词实际上不用专门记，只要认识被拆分开的两个单词，自然就能记住这个复合词。

这里说的拆分法，虽然拆分后也会形成独立的单词，但是却和单词的本意没有关系，完全是为了方便记忆强行进行了拆分。如把"capacity——容量"拆分成"cap（帽子） + a（一个） + city（城市）"，连起来进行联想：有一个容量特别大的帽子，里面装了一个城市。

综合运用法： 将以上几种方式结合起来运用的方法。如：

thunder —— 打雷、雷声

单词拆分：thunder = th + under

组合转图：th（"天河"的拼音首字母） + under（在……的下面）

形成场景图像：打雷的雷声总是发生在天河的下面

dusty —— 积满灰尘的

单词拆分：dusty =du+s+t+y

组合转图：du（发音为"打"） + sty（"扫它呀"的拼音首字母）

形成场景图像：某处积满了灰尘，赶紧"打扫它呀"

5. 单词记忆的时间分配

很多人喜欢在记单词的时候，反复地读背一个单词。比如，"apple、苹果……"并反复写英文很多遍，甚至有人会写到几十遍。他们总认为重复的次数越多，会记得越牢。

"重复次数越多，会记得越牢"，这种观点本身没有错误，但是还有一种观点，"两次重复的时间间隔越长，记得越牢"。这该如何理解呢？我们以一个单词记十遍为例来说明。

如果在一分钟内连续记了十遍，那么这个单词保持的时间可能会持续1小时，也可能会持续一天。但是24小时后，大概率会遗忘这个单词，除非你这一天的时间只记了这一个单词，没有再记过其他任何的新单词。

我们来说两个极端的例子。

假定一个新单词记一遍用时5秒。

如果每个单词连续记10遍，一天时间内累计记了100个新的单词。总计用时5000秒（约90分钟），那么一天后被遗忘的单词的数量为70%~90%。（大家可以参考艾宾浩斯遗忘曲线的理论）。

如果换一种时间分配策略。每个单词只记一遍，连续记100个单词，这时用时500秒（约9分钟）。然后每隔一小时再重复一遍，共重复10次，总计约90分钟。那么24小时后，被遗忘的单词的数量应该不会超过20%。

为什么同样是记了90分钟单词，同样是死记硬背，同样是每个单词记了10遍，其记忆效果却出现了如此大的反差呢？原因就是前面提到的"两次记忆之间的时间间隔越长，记忆越牢固"。

也就是说，如果我们不是把这90分钟划分到10个小时内，而是10天内，那保持的记忆时间会更长。如果划分到10周内呢？10个月内呢？

其实最科学的复习策略是严格按照艾宾浩斯遗忘曲线的规律复习七次。七次复习的时间间隔分别是：

第一次复习：10分钟

第二次复习：1小时

第三次复习：1天

第四次复习：3天

第五次复习：7天

第六次复习：15天

第七次复习：30天

不同的学派对以上时间的定义略有不同，大家在实际应用中只要遵循一个原则：**两次复习的时间间隔要越来越长。**

那么，首次记忆一个新单词时应该记多少遍？用多长时间更合适？

据某大学心理研究室跟踪实验的数据表明，人类的大脑在记忆一个简单信息的时候，该信息对大脑皮层产生的刺激最强烈的时间是最开始的13~17秒。当对一个信息重复记忆超过这个时间以后，大脑所接受到的刺激会明显下降。当对一个信息重复记忆的时间超过40~50秒以后，该信息几乎不再对大脑产生更强的刺激，也就说不再有任何记忆效果了。

我们不去纠结这个数值究竟是13秒还是17秒，从上面的实验中我们能得到一个结论：即使我们非常专注地对一个单词记忆10分钟，那后面9分钟多的时间也都是无用功。这也是为什么我在前面不提倡对一个单词连续记忆10遍以上。正确的做法是一口气连续记忆多个单词，后期再用同样的模式反复复习。

6. 单词记忆的误区

（1）时间误区

很多人在记单词的时候，特别是大量记忆单词的时候，最容易产生的一个误区就是"日积月累"。

很多人，特别是已经步入社会的成年人，都曾有过类似的计划："我要坚持每天记10个单词，这样一年下来我就可以记住3000多个常用单词了。"

这种想法是好的，但是现实往往是很残酷的。凡是有这种想法的人，99%都失败了。失败的原因也很简单，就是很多人根本坚持不了一年的时间。甚至80%的人连一个月也坚持不了，有一半以上的人连一周也坚持不了。

为什么会出现这样的情况？原因很简单，这些人都是根本不喜欢英语还要逼迫自己背单词的人。那"背单词"这件事就变成一个痛苦的体验，而让一个人连续一年每天都要主动去体验一段时间的痛苦，这本身就是一件反人性的事情，怎么可能会大概率地成功呢？

可能有人会提出反面的意见：不对啊，明明有很多人坚持下来了呀，比如某某某，人家已经坚持了3年了。还有那个某某，人家已经坚持了10年了。

但是，别人能坚持不代表你能坚持，更不代表所有人都能坚持。

一是可能别人本身就是喜欢英语，喜欢背单词。别人的喜欢就是只要有时间就去背单词，就去听说读写英文，就像我们很多人只要有时间就去玩手机，只要有时间就去打球一个道理。背单词对这部分人来说，是一种享受和快乐。

二是每个人的自律能力不一样。世界上确实有极少的一部分人自律能力超级强，做事有极强的目标性，有不达目标不罢休的精神和毅力。如果你也是这样的人，一旦定好了计划和目标就会风雨无阻、不折不扣地去执行。那恭喜你，你已经成功了。因为你的这种毅力和自律能力，不管你学不学记忆宫殿的方法，都可以在计划的时间内完成记单词的目标。

（2）概念误区

能记住、默写单词和能熟练地应用单词是两个概念。单词一个不认识肯定做不了英文的阅读和写作，但是能够默写单词了，也不一定能够做好阅读和写作。

所以，从学英语的角度来说，不要把所有的精力全都用在背单词上。其实当你的阅读理解能力真正提高了的时候，你会发现即使一篇文章中有20%的单词从来没有见过，也不影响自己理解整篇文章。同样，即使我只会默写1500个常用词汇，一样可以写出优美且完整的英语文章。

还有一个概念误区，是很多读者的一个担忧，也是很多专业的英文老师极力反对这种记忆方法的根本。我用图像记忆法记住的单词，会不会影响我对单词本意的理解呢？

比如，前文所讲的单词"palm"，本意是"手掌"，但是由于在记忆的过程中，我强行加入了"老妈打我"的图像，于是每次看到这个单词的时候，总会在大脑中产生"老妈打我"的场景，这对理解英文原文会不会造成很大的影响呢？

首先，影响肯定是会有的，特别是在初期。但是我们对任何单词的记忆境界都是由最初的理性记忆慢慢向无意识记忆转变的。

比如，我们每个人最早接触的几个最常用的英文单词"yes，no，hello，ok，bye"，在刚开始接触的时候，也需要在大脑中强行记忆每个词语的"中文意思"。也就是说，不管我们是用什么方法来记忆单词，在听和说的过程中，都有一个在大脑中"英译汉、汉译英"的过程，这是一种理性记忆的状态。随着我们在日常生活中反复地听到和说到这几个常用单词，当别人对你说"bye"的时候，你大脑中还有下面的过程吗？

Bye的中文意思是再见，

这是别人在跟我说再见，

所以我也跟别人说再见，

再见的英文是bye，

所以我得说bye。

我相信所有人都会非常自然地说一句"bye"，这时候的"bye"已经和中文的"再见"这两个字没有关系了，而变成了单词所代表的那些实际性的含义，这种含义已经不再需要用中文来解释了。

如果大家认同了以上的观点，你就明白了无论你用什么方法记忆单词，都需要反复地使用它们，直到让这个单词在大脑中只存留它原本的真实含义，而这个含义应该是脱离了它的中文意思的。

那么需要多久才能达到这种状态呢？这就要看每个人平时对单词的应用频率了。最快的方法就是通过大量地听说读写来实现。

（3）数量误区

我们仍然以记忆3500个常用单词为例，为大家阐述这个观点。

很多人在记单词前会制订一个计划，比如，每天拿出2个小时记200个单词，计划半个月左右完成对3500个单词的记忆。这个计划是可行的。

但是在实际执行的时候你会发现，当记到第3天的时候，翻看第一天记的单词，会发现有多半已经忘了。对此现象前文中已经有所说明，按照艾宾浩斯遗忘曲线的规律，在24小时后遗忘70%以上的内容属于正常现象。

但是很多人的做法是在第3天放弃了记忆200个新单词的计划，而改为复习前两天所记的400个单词。理由是"如果再不复习，就全忘了"。

但是按照这样的计划进行下去，到第六天的时候，就又要复习，后面遗忘的内容会越来越多。最后变成了：前200个单词记得很熟了，越往后越不熟悉。而且真正这样去记单词的人，大部分在记完1000个单词前就会放弃了整个计划。因为这种"记了忘、忘了再记"的恶性循环让他们看不到希望。

所以很多人买回来的单词书，往往是最前面的几十页被翻得比较旧，50%以后的内容基本没翻过。有人戏言"背了十几年单词了，从来没见过C"，意思就是说很多人按字母顺序背单词，字母B开头的单词还没有背完就放弃了，等过几年再拿起来继续背单词，仍然背不完字母B开头的单词，从来没有背到过以C开头的单词。

那正确的计划应该是什么样的呢？

我的建议是"**快速突破**"。

所谓快速突破，就是先用最短的时间快速地把单词"记一遍"。比如，还是按原来的计划一天200个单词，用半个月时间快速地把单词记一遍。如果有更多的时间，建议增加到每天500个单词，用一周时间记完3500个单词。或者拿出一个大周末，两天时间把3500个单词记一遍。

很多人有疑问：如果只记不复习，遗忘掉80%，有什么意义？

意义在于，用最短的时间把所有单词记了一遍，这时候所有单词都已经在大脑中留下了印象。而之后需要做的事，是"复习"。首先，复习的效率会大大提高。因为新记单词的时候，需要在大脑中重新构建图像，这时候速度是有限的。但是在复习的过程中，由于大脑中已经构建过图像，所以在复习时只需要把记忆中的图像回忆出来。一般情况下，如果在首次记忆时认真地构建了图像，那复习的速度可以轻松达到首次记忆速度的3~5倍。而且在复习的过程中，可以直接跳过那些已经记住的单词，只复习那些没有印象的单词。

如果你能在两天时间内快速地把3500个单词记一遍，那后期的复习大部分人都能坚持下来。具体的复习策略可以参考前文。

（4）策略误区

前文中讲了很多记忆单词的方法。如"谐音法、形似法、拼音法、综合法"等，但是在实际记忆单词的过程中，一般不建议大家自己去按上面的方法拆分单词。

因为拆分单词需要足够的经验和非常丰富的想象力，而且拆分单词是一件非常耗费时间和精力的事情。如果说记一个单词只需要10秒，那么拆分一个单词可能要耗费一分钟甚至几分钟的时间，还经常会遇到设计了几种拆分方案均不满意的情形。

所以建议大家用其他的记忆大师或者作家设计好的用图像法记单词的书，直接用别人设计好的记忆方案来记，可以做到省时、高效。

那我们为什么还要花这么长的篇幅来给大家讲这些方法呢？因为在别人设计的记忆图像策略中，难免会有个别的设计不适合自己的记忆习惯，这时候前面讲的方法就有用武之地了。只针对极个别的单词进行设计，既解决了部分策略不适合自己想象习惯的问题，又节约了大量的时间，提高了效率。

这才是理论联系实际的、最可行的、最落地的记忆策略。

下面用思维导图对本节内容进行总结。

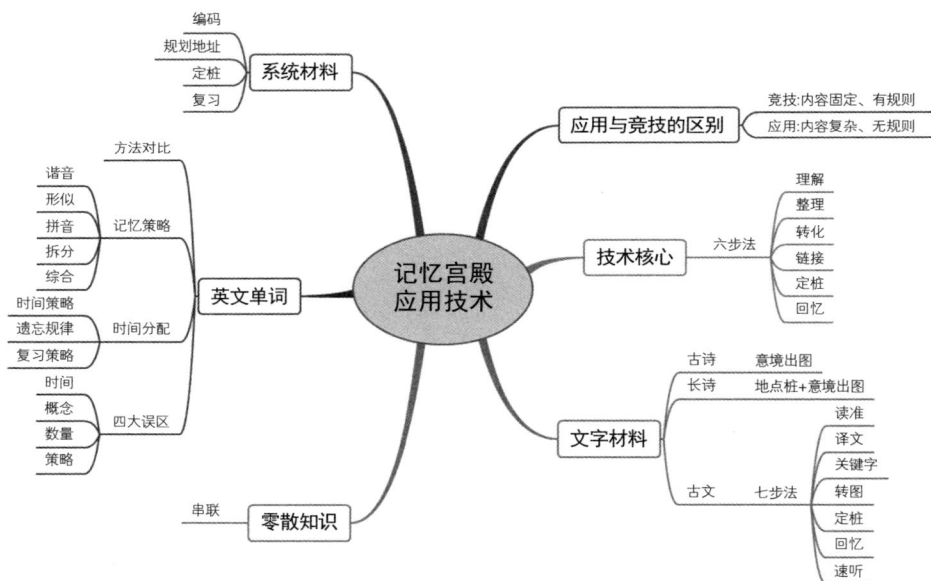

作业

请从下列经典中分别任选一项，并用记忆宫殿法背诵原文。

①《琵琶行》《长恨歌》

②《三字经》《弟子规》

③《千字文》《笠翁对韵》

④《道德经》任选10章

第四节　记忆宫殿扩展知识

一、记忆宫殿技术的表演

1. 古汉语记忆的表演

如果出于个人兴趣爱好或者工作原因，需要给别人表演自己记忆的内容，以展示记忆宫殿技术的强大。那这类的表演项目应该如何策划和设计呢？以下给出几种国学经典的表演方案供大家参考。

（1）《千字文》的表演

《千字文》共1000个字，分为250个短句（每句4个字）。其中每4个短句形成一个长句，类似于一首小诗，即每个长句16个字。

有几种记忆方案。

第一种是每个长句（即16个字）转换成一组图放到一个地点桩上。这样用62个地点桩就可把《千字文》全文记下来。（最后8个字"谓语助者，焉哉乎也"暂时不放入地点桩。）

第二种是每个短句（即4个字）转换成一组图放到一个地点桩上。这样就需要250个地点桩。

第三种是一个字放一个地点桩，这样就需要1000个地点桩。

我们先来说说如何表演，大家再来确定用以上三种方案中的哪一种。

表演方式一：快速正背。争取做到2分钟甚至更快的时间背诵完全文。

表演方式二：倒背。倒背有两种，一种是假倒背，另一种是真倒背，即"逐字倒背"。比如：

天地玄黄、宇宙洪荒、日月盈昃、辰宿列张

假倒背就是：

辰宿列张、日月盈昃、宇宙洪荒、天地玄黄

真倒背就是：

张列宿辰、昃盈月日、荒洪宙宇、黄玄地天

《千字文》有个特点，就是四句一押韵。所以还有一种更偷懒的倒背方式，即每个长句（16个字）为一个整体，只按长句的顺序倒背。

我们可以针对上面不同的倒背法，选择不同的定桩模式。如果是最后一种倒背，选择一个长句（16个字）占用一个桩是最佳模式。如果选择第二种和第一种倒背，建议一个短句（4个字）占用一个桩。即使选择"逐字倒背"，也可以4字一个桩，在回忆并背诵的时候自己把原文倒过来即可，即回忆内容为"天地玄黄"的时候倒过来背，为"黄玄地天"。

表演方式三：抽背。即让观众任意说出一行，表演者立即背出该行的内容。

抽背表演前要按自己记忆的方案（每长句一行或者每短句一行）给每行标上序号并印发给观众，或者投影到大屏幕上。观众只需要说出一个序号，表演者就要立即背出该行的内容。

该表演要求表演者对地点桩非常熟悉，能够快速地定位地点桩。比如，按短句来记忆，要对250个地点桩有整体规划。当观众说出"第187句"时，要能够快速地定位到第187个地点。具体的实施方案大家参看上一章中的"多层定桩理论"，可以帮助大家做到快速定位地点桩。

表演方式四：点背。点背即把《千字文》的全文排列成100×10的表格或者40×25的表格，并给每个字标号（从1到1000）。表演时观众只需要随便说出一个1~1000之间的数字，表演者能立即说出对应的字。或者观众随意说出《千字文》的某个字，表演者能立即回答出该字在《千字文》中的顺序号。

该项表演的难度较前面的表演大很多。此项目不建议采用单字单桩的模式，需要的地点桩太多，且单字转图的工作量太大。建议采用4字一桩的模式，但这就需要表演者有很好的数字计算能力。

比如，当观众说出数字"387"时，表演者需要快速地计算出387对应的地点是第"97"号地点桩上的第3个字。（387除以4等于96余3，因96号地点桩的最后一个字的序号是384，故应在第97号地点桩。）

如果观众提问汉字，表演者回答顺序，则需要表演者对《千字文》足够熟悉，不仅能够熟练背诵全文，还要多训练"随意说一个字，能够尽快回忆出它在哪一句中出现"。

比如：

观众说"鸟"，马上就能想到"鸟官人皇"。

观众说"章"，马上就能想到"垂拱平章"。

观众说"手"，马上就能想到"矫手顿足"。

……

此时不建议再用技巧来协助记忆，直接多看多听，当自己对《千字文》足够熟悉时，就可以轻松做到这一点。

上述表演模式除单字的点背外，其他表演模式均可通用于《三字经》《弟子规》《笠翁对韵》等类似的国学经典。

（2）《道德经》的表演

《道德经》共81章，建议直接用81个房间作为地点桩，每个房间记一章。有的章节比较短，只有五六句，那就只使用房间前面的地点桩。有的章节特别长，超过十句，这就需要在房间里再额外增加几个地点桩。

所用的81个房间仍然按照上一章的"多层定桩理论"来定义，每个房间与序号的数字编码图像相关联，以达到快速定位房间的目的。

表演方式一：观众任意提问第几章第几句。只需要定位到对应的房间对应的地点桩，回忆出上面保存的内容即可。

表演方式二：找固定的《道德经》书籍，除了按照上面的要求记忆全文外，需要对第一章单独加一个图像，用于记忆每个章节所在的页码。比如，第38章在该书的第86页。那就在36号房间挂个"八路"（86的数字编码）的图像。这样观众可以任意提问该书的第几页的第几句，表演的效果更好。

表演方式三：观众任意说出《道德经》中的一句，表演者即可回答出该句属于《道德经》的第几章的第几句，并且能够说出它位于该书的第几页。该方式需要表演者对《道德经》非常熟悉，具体方法可参考前面《千字文》点背的训练。

该表演模式同样适用于《孙子兵法》《论语》《孟子》等同等难度的国学经典。

2. 英文单词的表演

英文单词的表演除了能够熟练地记住每个单词的拼写、发音和中文意思外，还要加一些用于提高观赏性的成分。比如：

表演项目一：1000个单词点背。

自己梳理出1000个常用单词，然后印成一张特定的单词表，每个单词都由"序号、英文、中文"三部分组成，如下表：

序号	英文	中文	序号	英文	中文
001	vet	兽医	……	……	……
002	groom	新郎	998	heel	脚后跟
003	luxury	奢侈品	999	loyal	忠实，忠心的
……	……	……	1000	well	井，源泉

表演时请观众随意说出一个1~1000之间的序号，表演者即可默写出对应的单词及中文意思。或者请观众随意说一个单词的中文，表演者即可默写出对应的英文，并能说出该单词的序号。

表演项目二：记单词手册。

找一本某个阶段的单词手册，如《常用单词3500》《高考必背3500单词》《出国必背3000单词》等，不仅要熟记这些单词，顺便把每个单词在第几页也记下来。

表演时，将该书交到观众手中，由观众任意点背"第几页第几个单词"。表演者可以根据记忆回答出该位置对应的单词的英文拼写和中文意思。或者由观众任意说一个英文单词，表演即可说出该单词对应的中文意思以及这个单词所在的位置为第几页第几个。

该表演使用的记忆策略仍然是定桩法。每一页保存到一个房间，每个单词保存一个地点桩。只是单词的数量太多，有的页面上可能不只十个单词，甚至会超过20个单词，所以需要重新规划地点桩。另外页码数也会超过100，所以需要储备足够多的房间。对于100以后的房间，需要启用第二组数字编码图像对房间进行命名。

如果需要记忆和表演的是《牛津词典》《朗文词典》《英汉大词典》等词汇量达到几万甚至几十万单词的单词书，使用以上策略便无法完成，需要其他的增补策略来协助。由于其难度过大，不适合初学者挑战，也不是短时间内能够完成的，故本书不做讨论。

3.《新华字典》的表演

第11版《新华字典》共收录汉字约12000个，正文部分共678页，每页收录几个到二十几个汉字不等。

对《新华字典》的记忆，一般只记忆大字，对于单字的释义一般只作理解，不作记忆表演项目。

表演时将《新华字典》交到观众手中，观众可随意翻一页，可以提问"第几页第几个字是什么"，也可随意说出或者写出一个字，由表演者回答该字的读音、意思，以及在《新华字典》的第几页。

由于《新华字典》多达678页，所以除非你大脑中有提前储备600个以上的房间，否则不建议用"一页一个房间"的记忆策略。可以考虑用"一页一个地点桩"的记忆策略。

可能有人会问，在一个地点桩上面串联记忆十几个、二十几个字的图像，不会混乱吗？如果直接单纯地串联，记忆难度可能很大。在这里给大家一个建议，供参考。

在串联之前，我们在头脑中放大地点桩的图像。比如，第357号地点桩是一扇窗户，我们首先在头脑中把这个窗户放大、放大、再放大，一直放大到成为一个独立的背景画面，这时候再在这个背景画面上对十几个、二十几个图像进行串联，就能解决可能混淆的问题。实质上就是把一个地点桩放大成了一个房间，只是这个房间里没有非常清晰的下一级地点桩的划分，但是仍然有不同的区域、部位的划分。

另外，除了图像串联，还可以用情节串联。所谓情节串联，就是"编故事法"。把每页的字按意思串联成一个小故事，然后把该故事转换成一个图像固定到地点桩上。该方法需要足够好的编故事的能力，因为需要编出678个不同的故事。

4.《唐诗300首》的表演

《唐诗300首》比较适合少年儿童来表演。首先要做到能够熟记300首古诗，然后顺便把每首诗所在页码或序号记下来。表演时可以让观众随意点背、抽背（与上面的几项表演效果相似），或者让观众随意说出一句古诗，表演者接出下句、上句，并回答该首诗的题目、作者以及它在这本书中的序号和所属页码。

5. 最后的忠告

忠告一，要有足够的心理准备。

任何一项表演型挑战，都是非常耗费时间和精力的。不但要有足够的时间来一点点地记忆这些海量的内容，也要有足够的毅力，才能完成这项挑战。

就拿记忆《道德经》来说，在这些挑战中它算是难度相对较小的，但仍然需要花数十个小时来把《道德经》记下来，而且更耗费时间和磨炼意志的是"复习"。因为有81章、5400字的《道德经》全文，复习一遍也需要好长的时间，这是一项非常繁重的脑力劳动。而且想达到能够用于表演，能够在几秒的时间内准确地说出答案的程度，可不是简单地复习三遍五遍就能实现的。建议大家一定要有长时间坚持作战的心理准备，至少复习20遍，才能保证表演时万无一失。

忠告二，未熟练前不表演。

表演是为了震撼到别人，至少是为了向别人展示"我能够做到且做得很好"。基于这个原因，在表演过程中是不允许失误的。比如，你在表演《3500常用单词》的时候，观众提问了三个问题，你回答错了两个，这就完全没有效果可言了。即使是你运气不好或一时紧张导致的失误，也无法弥补你的表演效果不佳的现实。所以至少做到80%的准确率，才能走到观众面前表演。观众提问5个问题，要有足够的把握回答正确4个，才能得到观众对该表演项目的认可。

忠告三，如非必需，不建议挑战。

虽然利用记忆宫殿的技术可以做到背诵《新华字典》等鸿篇巨著，完成一些看上去完全不可能完成的任务和挑战，但是这仍然是一项需要耗费巨大的时间和精力的事情。

如果不是为了表演的需要，不建议把时间耗费这上面。

对于《新华字典》来说，如果能够认识上面所有的汉字，并能说出每个汉字的意思，我觉得已经足够了。没有必要再花时间去记忆每个汉字所在的页码，除非为了某项活动或者其他原因，需要做该项表演。

对于英语单词来说，熟记3500个单词就达到目的了，也没有必要去记住单词在单词表中的排序。如果不是为了表演，不如用同样的时间去多练习一下英文的阅读、听力、写作，更加熟练地运用这些单词。这样不是更有利于英语的学习吗？

二、脱桩

脱桩，是指当原本借助地点桩和图像来记忆的内容熟悉到一定程度后，可以脱离地点桩和图像的帮助而直接回忆并自由应用。

比如，我用地点桩记忆100位圆周率，每个地点桩2个图像4位数字，共用了25个地点桩。记完后经常复习、背诵、默写，到了一定程度，就可以很自然地做到"脱口而出"的状态。这时候再背诵或者默写100位圆周率时，不再需要回忆地点桩和上面的图像了。这种状态就是脱桩。

脱桩是记忆任何信息都希望达到的理想状态，记忆宫殿的方法再好，仍然只是一个工具，一个辅助我们记得更快、忘得更慢的工具。而"脱桩"的状态才是我们每个人追求的最后结果。

对于任何的知识，我们都不希望在需要使用的时候，先去大脑中查找地点桩、再回忆图像，最后才能把对应的知识信息回忆出来。每个人都希望能随用随拿信息，就像我们开口就能说话、抬脚就能走路一样简单。只有做到脱桩才能达到这种状态。

那如何才能做到脱桩呢？很简单，只有两个字"重复"。

就拿英文单词的记忆来说，靠图像的帮助可以做到对单词的中文、英文互译，但是在实际阅读和写作的过程中，这种方法会导致对单词的响应速度非常慢，完全比不上用传统模式记单词的速度。但是随着反复地读、写、听、说，到一定次数后，就能自然反应出单词的意思，而不再需要图像的帮助。这时候，这个单词就成功脱桩了。

对于其他信息的记忆亦如此。想达到应用的层次，必须要做到脱桩。

三、一门学科的学习思路

学习一门新的学科，不仅要靠记，还要靠理解和归纳。以下给出一些学习一门课或者一本知识类书籍的建议，供大家参考。

第一步，总体了解。

先通过一些资料介绍大概了解该学科的知识方向、知识结构特点等相关知识，对该学科有初步的感性认识。也就是至少要知道这是一门讲述什么内容的学科。

如果是教材类的书籍，也可看"教学大纲"等相关内容。如果是普及知识类的书籍，可以通过作者的前言、序言等内容来了解。也可以通过网络搜索，找到一些介绍相关知识的短视频或者短文来了解。

故这个过程中至少要做到消除对该学科（知识门类）的误解。比如，很多人在真正了解心理学知识之前，会有一个误解，就是"学会了心理学，就能轻松地知道别人在想什么"。实际上，心理学只是一门研究普通人心理发展和心理变化规律的学科，并不是研究别人此时此刻正在想什么的学科。

第二步，熟记目录。

学科的目录很重要，它是最大的知识框架。有些老师甚至会要求学生在学习任何一门新的学科知识前，先把教材的目录背下来。

虽然这种作法有些偏激，但却说明了解目录对掌握一门学科知识的重要性。建议大家在学习之前，至少先用思维导图把目录重新画一遍，以增加对目录的熟悉程度。

一旦在大脑中形成了一个目录框架，就相当于一棵树已经有了大的树干。后期的学习只需要把细小的树叶构建出来，就可以等待它开花、结果了。

第三步，快速浏览。

除了像数学、物理等前后关联非常大的纯理科知识外，大部分学科的知识都可以被快速浏览。

即先用最快的速度把整本书翻看一遍，而不去纠结于每个小的知识点。即使是学习物理这样的知识，也可以借鉴这种思路。比如，拿到一本大学物理书时，先快速翻一遍教材，知道这本教材中会讲到哪些方面的物理知识，会涉及哪些定理、哪些公式、哪些应用。至于它们的推导、证明、如何应用等，可以暂且不考虑。

快速浏览实际上是对目录的进一步细化和补充。

第四步，细化节点。

这一步可以理解为系统学习，把每个知识点、每个细节都详细阅读一遍。即要通读全书。只是在通读的过程中，不一定非要按照书籍的印刷顺序来读，也可以按照自己的喜好有选择地安排先后顺序。

可能很多人担心前面的不看，会对理解后面的内容有影响。没有关系，可以先看后面的章节，在遇到不明白的知识点时，可以再到前面的章节中去查阅。因为在完成前面三个步骤以后，在我们头脑中已经有个清晰的知识框架了，我们知道哪个知识点在哪个章节有讲。

这就相当于大脑中始终有张旅游地图，我们的目的是要游遍上面所有景点，但并不一定非要按照唯一的路线去按顺序浏览。依靠上面的三点，我们已经具有了空间穿越的能力，可以在各个景点之间任意穿越。

在这个过程中，最核心的一点是效率。只要把整个知识点全部通读一遍即可，不要去追求记住或者掌握。用最短的时间完成通读才是关键。

第五步，归纳提取。

这一步的主要任务，是在完成通读后，重新用自己的理解把知识点的核心框架梳理出来，形成一张思维导图。

这个过程，关键是提取和归纳。现在很多学科的辅导资料中会附赠一张思维导图，我个人不建议用别人提供的思维导图。因为真正能够帮助大家更好掌握知识框架的，并不是这张思维导图，而是把一本厚厚的书通过自己的理解、提取，逐步变成思维导图的过程。如果这个过程不存在，而是直接拿别人画好的思维导图来用，其起到的帮助作用并不明显。

归纳提取过程是再一次学习的过程，也是检查自己理解是否完整、知识点是否有疏漏的过程。通过自己认真地对整本书进行梳理、归纳、整理，最后可以达到即使离开原书，也能根据自己的思维导图回忆出全书知识点的效果。

第六步，定桩记忆。

当归纳提取的工作完成之后，并不是所有的知识点都能靠理解完成记忆。此时就要借助于记忆宫殿。

根据知识点的特点，选择适合的地点桩（文字桩、手绘桩或者相关图片），尽可能避免使用储备的房间来记忆。知识点转图时也要尽可能做到简洁，对于重复出现的词语要单独编码。

该过程虽然工作量大，但应该在尽可能短的时间内完成。拖得时间越长，内心的负面情绪对效率和效果的影响越大。

第七步，复习整理。

无论是哪种方法，任何的知识点都不可能学习一遍就熟记。复习的次数越多，记忆就越牢固。可以根据前文提到的艾宾浩斯遗忘曲线的规律进行科学的复习。

一方面，每隔几次复习，最好能找一些相关难度的测试题、练习题来对自己的复习情况做测试，并根据测试的情况有重点、有选择地进行复习。

另一方面，如果在每次复习后，都能对知识点进行重新的梳理和整理，将会有更好的帮助。这就需要我们在做思维导图时，尽可能采用电脑作图的模式，方便后期不断地优化和修改。

另外，也可以把很多需要记忆的零散知识点写到小卡片上，收集在一起。经常随机从中抽取一张卡片，来检查自己的掌握情况。这样既有挑战的乐趣，又能帮助自己更好地复习和掌握。

下面用思维导图对本节内容进行总结。

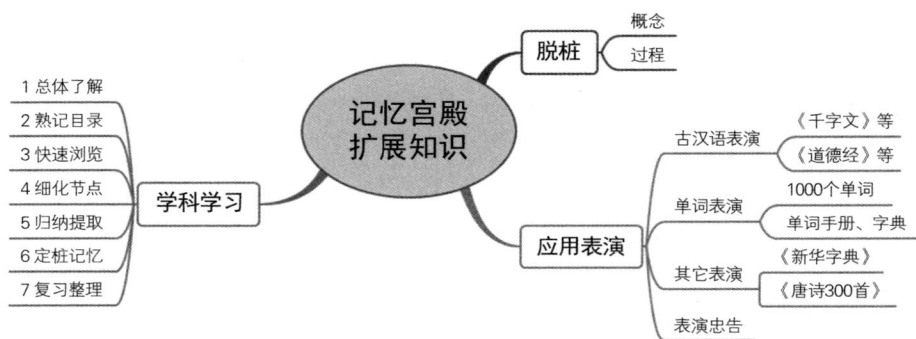

作业

训练内容一：根据本节知识，为自己策划一个记忆类表演项目，并列出详细的训练计划。

训练内容二：请为自己制订一份学科学习的计划。

记忆宫殿与思维导图：从入门到精通

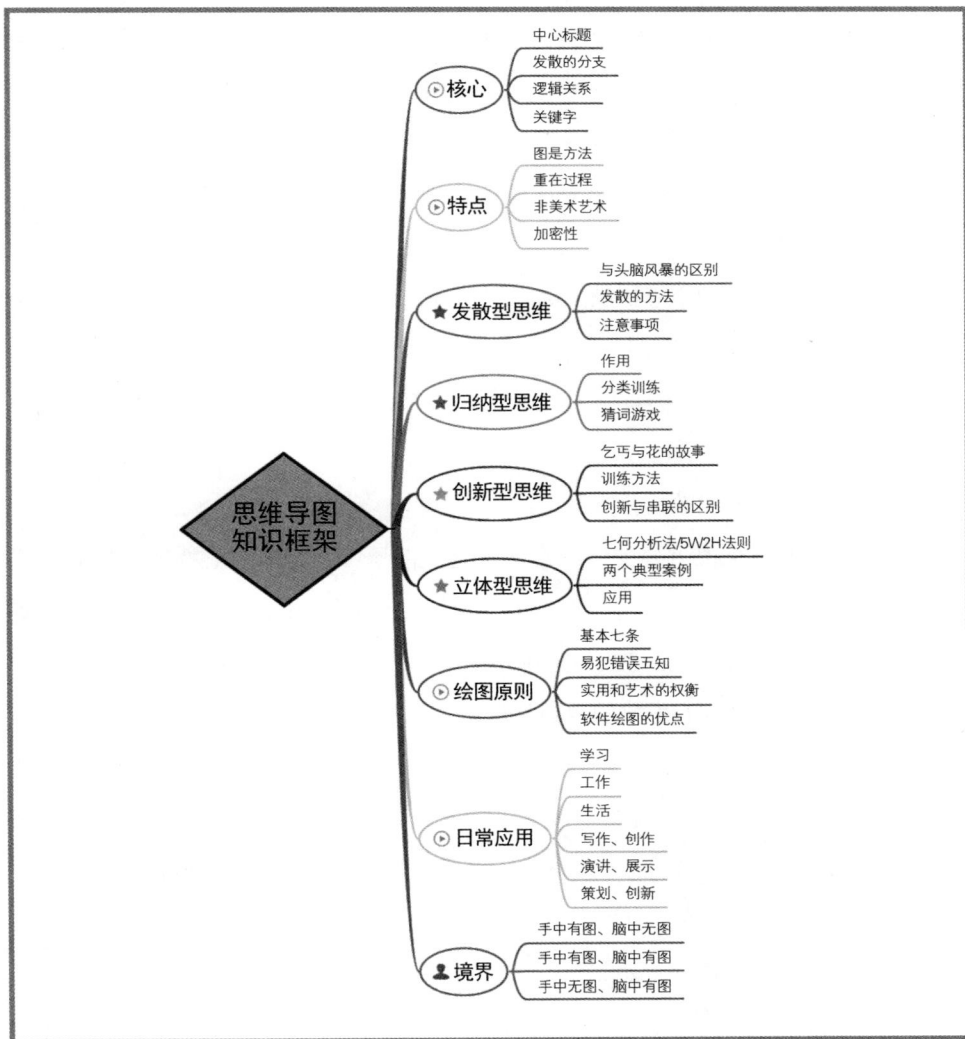

思维导图知识框架

- ▶ 核心
  - 中心标题
  - 发散的分支
  - 逻辑关系
  - 关键字
- ▶ 特点
  - 图是方法
  - 重在过程
  - 非美术艺术
  - 加密性
- ★ 发散型思维
  - 与头脑风暴的区别
  - 发散的方法
  - 注意事项
- ★ 归纳型思维
  - 作用
  - 分类训练
  - 猜词游戏
- ★ 创新型思维
  - 乞丐与花的故事
  - 训练方法
  - 创新与串联的区别
- ★ 立体型思维
  - 七何分析法/5W2H法则
  - 两个典型案例
  - 应用
- ▶ 绘图原则
  - 基本七条
  - 易犯错误五知
  - 实用和艺术的权衡
  - 软件绘图的优点
- ▶ 日常应用
  - 学习
  - 工作
  - 生活
  - 写作、创作
  - 演讲、展示
  - 策划、创新
- ▲ 境界
  - 手中有图、脑中无图
  - 手中有图、脑中有图
  - 手中无图、脑中有图

第一节　思维导图的核心

一、思维导图的核心是思维模式

思维导图，英文名字是"Mind Map"，直译过来可以叫"脑图"或者"思维图"。

思维导图的灵感起源于很多世界著名科学家、文学家的笔记手稿，他们均会用绘图的方式来代替纯文字的笔记模式。后来逐渐演变成了目前的向四周发散的树形结构图。

目前，从表现形式看，能够拿出来给大家展示的思维导图风格众多，各领风骚。但其核心均离不开以下四个方面。

1. 都有一个清晰的中心标题

这就像是一篇文章的题目或者思考一个问题的主要方向，它的功能并不是为了好看，而是为了在思考的过程中，能够始终以该中心标题为核心，确保思考的方向不会偏离这个主题。

2. 都会有向四周发散的分支

思维导图的一个很重要的思维模式就是发散思维，是以中心标题为核心向更多的可能性进行发散式思考。发散就是为了挖掘更多的可能性，发散就是为了打破线性思考的模式，能够更好地拓宽思维的广度。

3. 分支与分支之间有严格的逻辑关系

好的思维导图，几个分支之间是兄弟姐妹关系，即并列的关系。两个分支的内容不能重复，且不能有上下级关系。子分支与主分支之间应该是母子关系，即从属的关系。同一分支下的不同子分支之间又是并列关系。只有这样设计，才能保证分支间逻辑关系的合理性。有了严格的逻辑关系，在思考问题的时候，可以保证每个信息元素都有它固定的分支位置。

4. 都用关键词或者简图来标示信息

好的思维导图一定是用关键字来标示的，而不用大段的文字来叙述内容。思维导图的宗旨是帮助大脑思考，理清思路。关键字比大段的文字更能让大脑快速地识别信息，理清关系。当然，比关键字更优越的是简图。用一个时钟表示"时间因素"，用一个简单的火柴人表示"人的因素"，用一张纸币或者一个货币符号表示"钱的因素"。这些简图或者符号会让大脑更快速地了解信息的含义，帮助大脑更快地整理和思考由它们组成的复杂问题。

后面的章节将会详细介绍不同思维模式的应用。

二、画图不是目的，是方法

可能有些人会有个误解，就是要使用思维导图解决某个问题，必须要把思维导图画好才行。其实不然，画图是思考的过程。我们的最终目标是解决问题，而不是完成思维导图作品。

在第一章的简介中我曾经反复强调，思维导图只是一个工具。

就如同一把螺丝刀，只是一个用于拆装螺丝的工具，如果直接用手就可以把螺丝拆掉，就能完成把某个部件取下来的目的，那何必非要用螺丝刀呢？

思维导图也是一样，对于很多极其简单、直接的问题，没有必要用思维导图来解决。

比如：

明天上班穿什么衣服？

今天中午吃点什么好？

去超市要买的三样东西：盐、牙膏、5号电池

通知小A、老C、大X三人务必参加明天下午的讨论会

规划一下明天回老家的路线，避开堵车

明天情人节，要不要给女朋友买束花？

写一份30秒左右的自我介绍

……

因为这些问题都属于相对简单的问题，不涉及很多的相关因素，用传统的思

考模式就能解决得很好。

相反，如果是复杂的问题，使用思维导图可以使复杂问题简单化，至少会使问题有序地推进。

比如：

策划一场产品发布会

设计一套新的员工激励制度

明年家庭开支预算

写一本10万字的书

策划一场一小时的演讲

设计一款热销的产品

……

诸如此类的问题，个个都是大工程。这时候如果学会用思维导图一点点地拆解、一点点地规划和实现，就可以有序地、按部就班地解决。

但并不是所有的问题都必须要画到思维导图上才能解决。大家始终要记住，画图的目的是解决问题，如果某个环节的问题已经解决，就不用再花时间把它们画到思维导图上了。

比如，上面的例子中，关于如何策划一场一小时的演讲，其中会涉及服装、化妆、音响等众多细小的环节。如果自己是职业的演讲家，对这些细节已经轻车熟路了，那在用思维导图的时候，就只需要对演讲的内容以及现场可能会提问的问题做一些规划和设计，并通过思维导图整理清晰。而对于自己已经习以为常的个人形象、灯光音响、主持人配合等环节可以直接省略，没有必要再画到思维导图上了。

三、过程比结果更重要

很多人把别人画出来的思维导图视为珍宝，也有些教学辅导资料会额外赠送某学科思维导图全图。我见过很多类似的思维导图，但我个人不太建议使用或者说我个人不太认可这类思维导图，原因如下：

第一，很多的思维导图只是把目录或者更细的章节标题改成了思维导图的形式。这与看一本书的目录并没有实质上的差别。

第二，很多的思维导图并没有使用关键字，而是使用了完整的长句，失去了思维导图"提取核心框架"的意义。

第三，思维导图的作用是帮助大脑思考。而别人画的思维导图是别人思考的结果，并不能起到帮助自己思考的作用。

因此，我始终坚持：**思维导图的核心是思维导图从无到有的过程。**

只有通过自己的归纳、总结、提取，把一张白纸变成一张思维导图，才能起到帮助自己思考，帮助自己梳理知识点，帮助自己记忆的功能。

学习一门课，在预习和复习的过程中使用思维导图来整理，可以帮助自己熟悉知识框架。读完一本书，用思维导图来总结，可以实现对一本书核心理念的提取。其他方面的应用也是如此。

所以，思维导图一定是边思考边画图、边画图边思考的过程。

四、不要把思维导图变成美术

很多人，包括很多机构喜欢把一些漂亮的思维导图展示在墙上、宣传栏或者网络媒体上。我始终认为，衡量一张思维导图优劣的不应该是"画得好不好看"，而是"对我们的思考起到了多大的帮助作用"。

有一部分人把学习思维导图的重心放在"画"上，包括配色、线条的美化、布局的设计、配图等。他们通过"努力"，确实画出了很多赏心悦目的思维导图作品。但思维导图真的不是美术，更不能把画思维导图变成一门艺术。思维导图应该像哲学、逻辑学、管理学一样，是用于帮助我们思考问题、解决问题的学问，而不是用来欣赏结果的艺术行为。

因此，我们在学习思维导图之初，就应该把学习的重点放在"思维模式"的重建上，而不是思维导图的"美化"上。

五、思维导图的加密特性

设计思维导图的目的并不是跟别人分享，只是给自己的大脑助力。所以说，好的思维导图应该是加密的。

何为加密？加密的意思并不是不让别人看到，而是说一张完全靠自己思考绘制的思维导图，即使拿给别人看，别人也很难看懂或者说至少有很多的内容看不懂。

因为在自己思考的过程中，我们会用很多的关键字、图像甚至一些简单的符号来代表大脑中产生的信息。这些信息只有我们自己知道它的含义是什么，他人即使看到也不可能理解这些符号的意义。除非我们拿着自己的思维导图手稿给别人讲一遍自己的思路。

比如，一张关于提高服务质量方案的思维导图，我在边思考边画思维导图的时候，在某个分支上画一面小红旗，而在另一个分支上画了一个笑脸。你能理解这些符号代表什么意思吗？有的人可能会猜到笑脸代表微笑服务，那红旗代表什么呢？

其实我的思路是：笑脸是为每个员工评定一个服务等级，相当于一星级、二星级、五星级。而红旗代表的是每个月的"评先树优"活动。

这就是加密的意思。

高效率的思维导图通过最简单的符号、文字来标识思考的内容。如果所有内容都写得明明白白、清清楚楚，那你这张思维导图画出来，肯定是想给别人看的。一张用于给别人看的思维导图，就不是一张纯粹的思维导图了，而变成了一幅"作品"。

如果你真的理解了这层含义，就知道应该如何使用思维导图了。

作业

我们应该以什么样的心态来学习思维导图？

第二节　发散思维

一、发散型思维与头脑风暴的区别

思维导图就像是一棵向四周生长的树，这也是思维导图发散型思维最形象的代表。

发散型思维并不等同于头脑风暴，它是围绕一个中心主题而展开的发散。头脑风暴得到的可能性更多，但很多内容偏离了主题，且没有任何的意义。而发散型思维则会紧紧围绕主题。

头脑风暴更多的时候适合一群人进行，可以得到更多的灵感和启发。而发散型思维往往由一个人进行，为了更高效、更全面地解决问题。头脑风暴得到的相当一部分想法是没有价值的，发散型思维发散出来的大部分内容是可用的。头脑风暴只能用于设计、创新领域，作探索新模式和激发灵感之用。而发散型思维不仅可以用于设计、创新领域，在复盘、总结、部署、执行、控制等多个环节都能应用。

对比了这么多，并不是说头脑风暴不好。当一群人进行头脑风暴的时候，能够激发出来的灵感肯定比一个人的发散型思维要多得多。但是如果在头脑风暴使用的过程中结合思维导图进行归纳、整理、总结，效果会更好。

二、发散思考的方法

如何发散？发散看上去很简单，但发散也有很多的技巧。

技巧一：发散的时候暂不考虑可用性。即在发散的初期，把能想到的与主题相关的物品、事件、特性、关键字全部列出来。

技巧二：边发散边整理。随着发散出来的信息越来越多，这时候可以边发散边整理。对发散出来的信息进行归类、整理，形成思维导图的雏形（下节详细讲解归纳型思维）。

技巧三：发散不仅是多方向的，还是多层级的。这是很多思维导图的初学者容易忽视的一个技巧。比如，发散的主题是"报纸的用途"，先把已经发散出来的信息列出来：

阅读新闻、学习知识、看广告、发广告、保洁、折纸、练字……

从上面的信息中，大概可以整理成三个大类：学习、宣传、废物利用。

如果能归纳出这三个大的方向，就可以沿着这三个方向继续发散下去。

比如，从宣传的角度，除了广告之外，发表一些自己的文章也可以视作一种宣传。宣传理念、宣传风土人情……

再如，从废物利用的角度，还可以发散出用报纸做个帽子、做个垃圾袋等。

这是从大分支向下进行的同级别的发散。

另外，还可以向上发散。比如，从报纸可以折纸、练字的角度进行发散。

报纸为什么可以用作这些事情？→因为报纸是纸。→那纸还有哪些属性？→纸可以用来印刷、折叠、裁剪、包装、擦拭、燃烧……

然后从上面发散出来的这些功能中，找找哪些功能已经在其他分支中出现过，哪些还没出现过。把没出现的列出来，并在思维导图中找到合适的位置标注，并继续进行发散。

比如，从"印刷"的角度，可以发散出：印刷品、内容、收藏价值、油墨……

这样就可以从上面的信息中找到跟"报纸的用途"相关的更多的信息了。

三、应用发散型思维的注意事项

第一，掌握了上述多层级发散的方法后，对于很多的问题可以无限制地发散开来。但在实际应用的过程中，要掌握好发散的度。

如上例中，主题是"报纸的用途"，所以在发散时，当发现自己的思路已经偏离了该主题时，要及时收住，并回到主题或者子主题上来。

第二，在发散时，对于更细节的内容，可以用一个能代表类别的关键字代替，没有必要进行更详细的发散。

比如，从"报纸可以用来折纸飞机"发散出"折轮船"。这时候头脑就像大爆炸一样，出现很多的手工折纸形象。在这种情况下，没有必要把大脑中出现的所有"手工折纸艺术品"全部发散出来并标示到思维导图上，这样会让思维导图变得非常庞大且实际意义不大。我们只需要在"折飞机"的旁边标示一个"折纸"的关键字，或者直接把"飞机"二字划掉，改成"纸"。

第三，在发散过程中，可能会出现一些与已经发散出来的内容没有任何逻辑关系的信息。这时候只需要给思维导图重新加一个主分支（大类）即可，没有必要花精力去思考它应该归为哪类，如果后期有了新的分类方法，可以再做调整。

在发散的过程中，标示得越快，就越能抓住大脑中一闪而过的很多灵感。而如果纠结于某个点，犹豫不决，就容易让大脑中一闪而过的灵感跑远，甚至消失不见。再想把它们找回来，就难了，甚至不可能了。

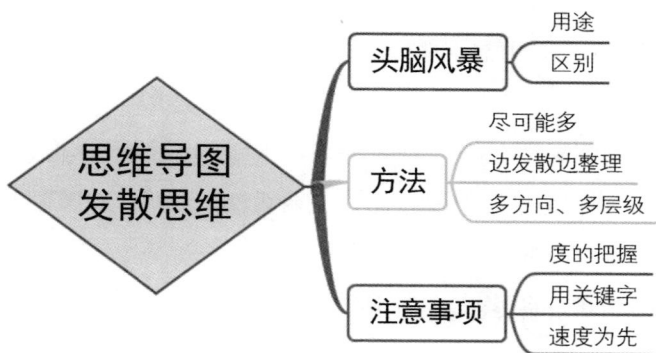

```
                                    用途
                          头脑风暴
                                    区别

                                    尽可能多
    思维导图                方法      边发散边整理
    发散思维                          多方向、多层级

                                    度的把握
                          注意事项    用关键字
                                    速度为先
```

`作业`

请用发散型思维畅想一下，未来的汽车会具备哪些功能。

第三节　归纳型思维

归纳型思维和发散型思维是一对相反的思维模式。如果把发散型思维比喻成"放"，那归纳型思维就是"收"。

一、归纳型思维的作用

归纳型思维的主要作用是"归纳、分类、整理"。即把一堆零散的、杂乱的信息，按照其特点进行抽象和分类，并把有用的信息归纳到相关的类别中。

归纳型思维一般用于发散型思维之后，即当对一个中心问题充分地发散之后，对已经发散出来的信息进行归纳。所以：

发散是归纳的前提，归纳是发散的补充。

如果只发散不归纳，信息元素太乱，尽管已经把发散的信息标示到思维导图上，仍然会有大量的无用信息、干扰信息需要剔除，也有很多零散信息需要整理。

所以，归纳既是深度分类的过程，也是筛选的过程。

二、归纳型思维的训练

训练初期，可以直接拿一些零散的词语来训练，而直接跳过发散思考这个过程。

比如：请对下列词语进行分类。

柠檬、演员、松树、项链、牛奶、蓝天、声音、舞台、大腿、主持人、
火锅、桃子、名片、火星、白菜、公交车、石头、教师、小河、耳机、
吉他、墨镜、金鱼、沙漠、面包、手机、咖啡、小白兔、教材、闪电。

在对上面的30个词语进行分类时，有三种方法。

第一种，无要求分类。

即对分类的数量没有要求，完全按照自己的规则进行分类。

比如，

食品、用品、大自然、动物、植物、人物、其他。从上面的分类方法可以看出，总会有一两个词语不知道归到哪个类合适。但如果单独分一个类，可能会导致这个分类只有一个词语，比如，上例中的"公交车""舞台"。

第二种，只能分两类。

这是一种非常好的分类模式，适合在思考时快速地搜索答案。比如，上例中，我们可以分为：能吃的和不能吃的。

为了更好地训练自己的分类能力，还需要从不同的角度进行分两类的训练。比如：

天然的　　和　　人造的

有生命的　　和　　没有生命的

能吃的　　和　　不能吃的

……

第三种，多层级分两类。

即按上面的原则分为两类之后，继续对两个小类里的内容进行分类，再继续

对更小的类进行分两类操作，直到不能再分为止。

比如：

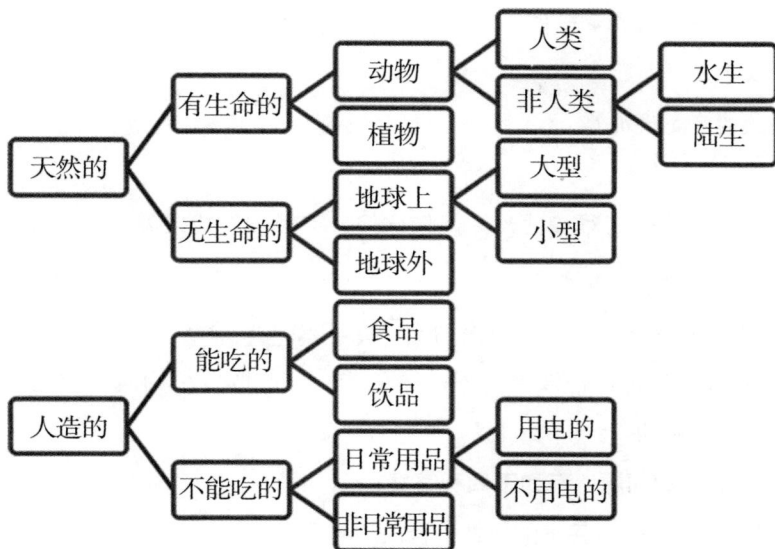

三、猜词游戏

猜词游戏是一个用于娱乐且能锻炼归纳、总结能力的游戏。游戏规则是这样的：

A、B两人（或者主持人与挑战者）通过问答的方式来猜一个词语。A（主持人）知道问题的答案，B（挑战者）通过提问的方式向A询问答案的相关线索。

整个游戏通过一问一答的方式进行，B可以向A提问，A必须如实回答。

B提问的规则如下：

1. 只能提问封闭性问题

如：它是红色的吗？

它是长方形的吗？

它是用电的吗？

……

2. 不能问开放性问题

如：它是什么颜色的？

它是什么形状的？

这有多重？

3. 不能问二选一的问题

如：它是红色的还是绿色的？

它是长方形还是正方形的？

它是软的还是硬的？

……

这条规则对锻炼思维模式没有任何作用，但对于游戏来说，该规则可以用来考验挑战者的专注力。

那应该怎么问呢？对于二选一的问题，只需要分成两个问题就符合游戏规则了。比如，把"它是红色的还是绿色的？"改成两个问题："它是红色的吗？""它是绿色的吗？"

A对于B提出的问题，有如下四种答案：

答案1：是的。 表示答案的属性符合B的问题。

答案2：不是。 表示答案的属性不符合B的问题。

答案3：不知道。 当A回答不知道时，有两层意思。

第一层意思是答案的该项属性不固定。比如，B问"它是红色的吗？"，A回答"不知道"。这表示该答案没有固定的颜色，有些是红色的，但并不是所有的该物品都是红色的。

第二层意思是B的问题太过专业，超出A的知识范围。比如，B问"它能吃吗？"A也不知道它能不能吃，如上例中的"松树、金鱼"很少有人吃，但是无法确定究竟能不能。这时候A就会回答"不知道"。

答案4：拒绝回答。 当B的提问违规时，A会说"拒绝回答"。

比如：

B提问："它是什么颜色的？"A："拒绝回答。"（开放性问题）

B提问："它是红色还是绿色的？"A回答："拒绝回答。"（二选一问题）

游戏评选方法：

一是按时间来评比，看哪位挑战者用的时间最短。

二是按次数来评比，看哪位挑战者提的问题最少。

三是B、C两人轮流提问主持人A，看谁能抢到正确答案。

该游戏的正确思路：对未知答案进行分类，每次都尽可能分为两类或者尽可能少的分类，每次提问都能确认一个分类。

比如：

提问	答案	确认范围
它是天然的吗？	不是	人造的
它是家用的吗？	是的	家用的
它是厨房用的吗？	不是	非厨房
它是客厅用的吗？	不是	非客厅用
它是卫生间用的吗？	是的	卫生间用
它是固定的用品吗？	不是	活动的
它属于洗护用品吗？	是的	洗护用品
它是液体的吗？	不是	非液体
它是香皂吗？	恭喜	答对

下面用思维导图对本节内容进行总结。

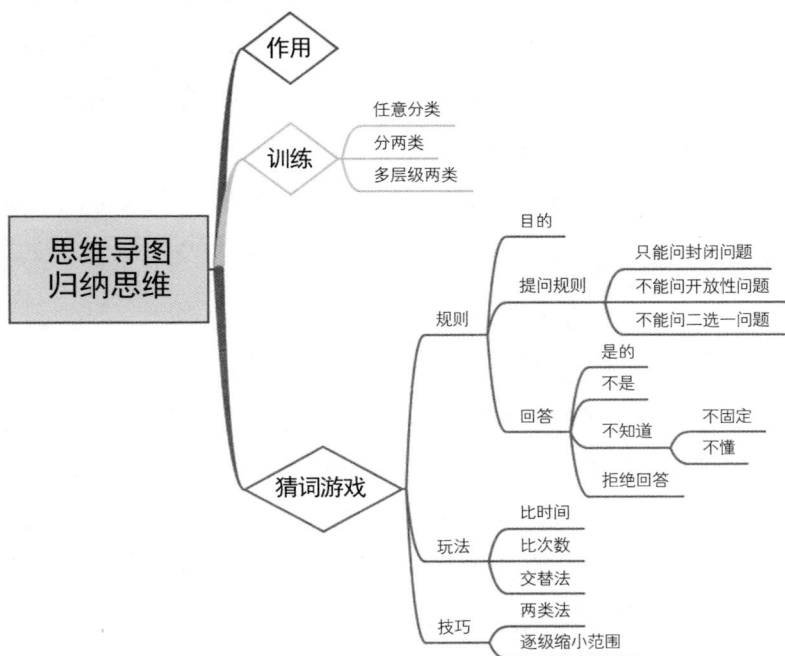

用两类分类法对下面的词语进行多层级分类。

蚊帐、熊、马、风车、月亮、电风扇、椅子、门、狗、饺子、长城、脸盆、老虎、儿子、书本、奶奶、钢笔、渔民、西瓜、墙、日记本、法律、铁锹、电池、格尺、胶带、眼镜、苍蝇、饭桌、盘子、瓶子、老鼠、经济、台灯、飞机、雪花、马、荔枝、栀子花、玉佩、门把手、蘑菇、冰箱、物理书、轻松、饮水机、长发、猪

第四节 创新思维

"创新"是个很抽象的词语。这里所讲的创新型思维模式，是指如何把"没有联系"变成"有联系"、把"没有可能"变成"有可能"的思维模式。

一、一个故事

有一天，已经深夜了，卖花的姑娘手里还剩下最后一朵玫瑰花。天越来越黑，越来越冷，姑娘看到不远处有个蓬头垢面、破衣烂衫的乞丐蹲在角落里，顿生怜悯之心。心想玫瑰花卖不掉，拿回家也会蔫了，不如送与他人，于是就把玫瑰花送给了乞丐。

后来的故事大家都耳熟能详了，乞丐看到有如此漂亮的姑娘给自己送花，受宠若惊，兴奋地拿着花回到了自己又脏又乱的家……（更多细节大家自己去网上查阅吧）再后来，乞丐彻底改变了自己的形象，还找到了工作，并开始勇敢地追求起了卖花的姑娘。他在姑娘的激励下更加努力地学习和成长，最后成为了当地有名的富翁。

为什么要讲这个故事，是为了启发大家来思考一个问题：

如何通过一朵玫瑰花让一个乞丐成为富翁？

如果没有前面的故事，大家是不是觉得这根本就是一个痴心妄想的行为。但是有了上面的故事之后，该想法听起来是不是合理多了。

请大家不要去纠结这个故事的真实性，故事只是为了讲述一个人生道理。我们在这里只是为了引领大家养成一种更好的思维模式，就是变"不可能"为"可

能"的思维模式。

二、创新型思维的训练

创新型思维的训练与上面的故事非常相似，训练初期一般采用词语想象的训练方法。即随意找两个毫无关联的词语，通过创新和想象，把两个词语变成合理的、有关联的词语。

比如：苹果、枕头。如何让这两个词语形成一种合理的逻辑关联呢？

请注意：创新型思维要做的事情并不是使用前文所述记忆宫殿技术中的串联联想。比如，"用苹果去砸枕头"，或者其他更违背现实逻辑的想象。

在创新型思维训练时，不能用违背现实逻辑的思路去思考。我们先直接给出一个示例，以方便大家理解"用现实逻辑关联"的含义。

苹果→水果→多吃水果有益身体健康→身体好了睡眠质量就好→好的睡眠最好配一个舒适的枕头

我们再来看几个例子。

扑克牌、理发师

直接给出答案，大家自己理解。

扑克→休闲娱乐→老年人→满头白发→染发→理发师

皇后、豪车

创新思考结果：

皇后→某著名影视作品中的皇后→演员→明星→高收入→豪车

三、创新型思维的本质

从上面的例子中大家有没有感受到，创新型思维实际上是发散型思维的一种特例。

比如，我们从"扑克"开始发散，可以发散出扑克有"休闲娱乐"的功能。这时，如何继续发散呢？创新型思维是把"围绕中心主题发散"变成了"**指向目标主题发散**"。

目标是"理发师"，所以每发散一步，都希望能离目标主题更近。

可能有些朋友会问，我直接发散成"一群理发师在打扑克"不是更快吗？是更快，但这就回到前面所说的"串联联想"了。

我们再次强调，创新型思维的核心是"现实逻辑"。我们来拆分一下每一步的逻辑：

所有理发师都打扑克吗？或者说大部分的理发师都经常打扑克吗？并不是。所以这一点就不符合现实的逻辑。

但是：

扑克牌的主要功能是休闲娱乐→共性、符合现实的逻辑

老年人退休后主要的生活状态是休闲娱乐→共性、符合现实的逻辑

老年人大部分会满头白发→共性、符合现实的逻辑

白头发需要经常染发→共性、符合现实的逻辑

染发就要找理发师→共性、符合现实的逻辑

理解了这一点，就理解了创新型思维和串联联想的区别了。

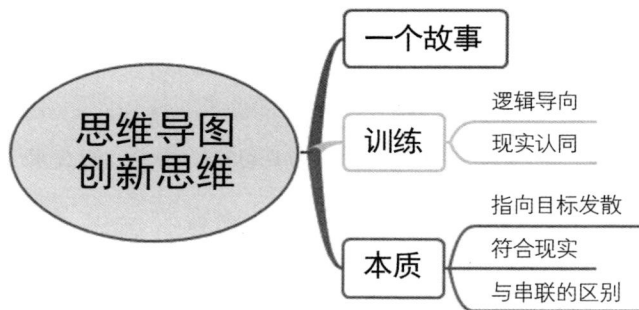

作业

请用创新型思维完成下列词语的链接。

①报表、大灰狼

②米饭、电影票

③手机、雪山

第五节　立体型思维

一、什么是立体型思维

立体思维模式是指在面对问题时进行多维度思考的模式。只从一个维度思考是单线式思维，两个维度思考是平面式思维，如果能从三个以上的维度思考就是立体思维。

这里所说的立体思维，并不是单指三个维度，而是指更多的维度。比如，构思一个故事，常常要考虑时间、地点、人物、事件这几个维度，这就是最简单的立体思维。

这里为大家介绍最典型的立体思维模型：**七何分析法。**

七何分析法，又叫"5W2H"模式，是思维导图应用技术中非常重要的一种思维模式。所谓"七何"，是指"何人、何时、何地、何事、何因、何法、何果"，其对应的英文是"who，when，where，what，why，how to，how much"这七个特殊的单词和沟通，其首字母为"5W2H"。

为了方便记忆，我们把"七何"总结为一句话：**什么人、什么时间、什么地点、做什么、为什么、怎么做、结果怎样?**

内容	英文	意义
何人	WHO	什么人
何时	WHEN	什么时间
何地	WHERE	什么地点
何事	WHAT	做什么
何因	WHY	为什么
何法	HOW TO	怎么做
何果	HOW MUCH	结果怎样

我们分别在不同的应用场景中为大家说明立体思维模式的好处。

小学生写作文的时候，老师会反复强调，写一件事，要写明事件的"时间、地点、人物、事件"。这就是七何分析法中的四个维度。老师还经常强调，写一件事，不能平铺直叙，每件事都有它的"起因、发展、高潮、结局"。起因就是"why"，发展和高潮就是"how to"，结局就是"how much"。

二、立体型思维在日常工作中的应用

在工作中，很多问题的解决如果能用到立体思维，会收到非常好的效果。以下是一个虚构的但在现实中经常会出现的例子。

在某月的最后一个工作日，某公司主管把某部门的小A叫到办公说："很抱歉，鉴于你的工作能力有限，不能满足我司的要求，下个月你不用来上班了！"小A听完感觉非常惊讶，心想：我也没犯什么错误啊，为什么要开除（辞退）我？于是问主管："我哪里做得不对啊？您交办的各项工作任务我都按时完成了呀？"

主管说："能完成任务不代表能把工作做得出色。你要是觉得心里不服，我给你安排最后一个工作任务，你要能把它做好，我们可以考虑再给你一次机会。"这时主管递给小A一张名片说："这是X公司总经理秘书的电话，该公司管理层原计划下个月来我公司参观学习，你帮我落实一下他们下个月还来不来。"

小A心想这还不简单，接过名片，就出门联系去了。不到两分钟就回来跟主管汇报说："领导，我已经落实了，他们下个月要来。"

主管问："有说哪天来吗？"

小A说："这个我不知道。"

主管说："那你再去落实、落实吧！"

小A又走出了办公室，不一会儿又回来了，答复道："领导，他们计划下个月的7号到咱们公司来。"

主管问："有没有说来几个人啊？"

小A说："这个我也不知道。"

主管说："那辛苦你再去落实一下吧！"

小A很不开心地又一次走了出去，过了一会儿回来答复道："他们计划过来5~7人。"

主管说："他们计划在咱们公司停留几天？"

小A强压着怒火说道："领导，这些问题我真的回答不了你啊！要不我再去落实一下？"

主管说："小A啊，这样吧，你先不用落实了，你先稍坐。我另外找一位同事过来，你看看别人是如何处理类似问题的。"

主管说完，打电话叫来了公司的另一位同事小C，递给他一张Y公司的名片，安排了同样的任务。过了好长时间，小C才回到主管的办公室。

小C说："领导，我已经跟Y公司沟通过了，他们下个月还是要来咱们公司参观学习的。"

小A在旁边窃喜，心想："这不和我的结果一样吗？"

主管问："那他们有没有说哪天来啊？"

小A还在旁边窃喜，可没想到小C直接回复道："是这样的。他们计划下个月20号或者21号到达咱们公司，其中包括他们公司的董事长、副总以及2名管理人员和3名技术人员。他们说如果咱们公司时间允许，他们现在就预订机票，我觉得咱们公司应该派一辆专车去机场接一下比较好。"

主管接着问："他们有没有说在这边停留几天？主要想参观了解哪些内容？"

小C回复道："他们计划在咱们公司参观学习两天时间，想就咱们公司的员工激励机制、企业文化建设、产品质量把控这几个方面来学习咱们的管理经验。他们还专门强调说，希望您最好能安排出2~3小时的时间，就双方的下一步合作进行深入的交谈。"

主管笑着说道："好的，我知道了，我安排一下时间。辛苦了！"

小C说："我有个建议，为了更好地展示咱们公司的……"

主管说："你的建议非常好，我马上安排！"

小C离开了主管的办公室。这时候主管问："小A同学，你现在知道什么叫完成任务了吗？"

三、立体型思维在日常生活中的应用

现实生活中也有类似的例子。有一个父亲安排孩子去叔叔家打听一下，这次长假一起去旅游好不好，孩子跑去几分钟就回来了说"可以"。然后爸爸就接着问去哪里……于是，孩子就像刚才故事中的小A一样一趟、一趟地跑。但是如果有了立体思维模式，能够按照立体思维的方式去思考"旅游"这件事，就可以把所有相关的问题都了解清楚了。

很多人在思考问题的时候，只会照葫芦画葫芦，甚至连照着葫芦画瓢都不会。而真正的立体思维模式，不仅要照葫芦画瓢，还要学会照葫芦画出与葫芦相关的很多东西。

四、立体型思维在设计策划中的应用

立体思维在策划、设计等方面非常实用。比如：

公司计划在月底举办一次"优秀员工表彰奖励大会"，要求把声势做得越大越好。希望通过这次活动达到激励员工的目的，并能够借此对外界宣传公司重人才、重技术的理念。

公司安排你负责整个活动的策划和执行，你该如何策划好这次活动呢？

首先从立体思维的模型出发，先设计本次活动的大方向。其中包括：大会时间、大会地点、参加人员、会议议程、会议总体风格设计（原因）、具体任务、想达到的目标。

对于大部分人来说，可能想到这七个方面的内容并不难，至少也能想到前面的四五个方面。但这对于举办一次大型的活动来说是远远不够的。我们需要做的是把立体思维模式渗透到每个环节、每个细节、每件小事上面。

比如，在会议中有一个环节是"公司领导讲话"，这看上去是个很常见的环节，但如何保证在成百上千人的大会议场合下，把该环节做到百密而无一疏呢？现在再次用立体思维模型将这个环节拆解开来，看看有哪些需要注意的点。

我们先来看看最直接的内容：

Who：哪位领导讲话

When：哪个时间段讲话，讲多长时间

Where：在哪里讲（台下嘉宾席、舞台正中、舞台侧面讲台）

What：讲什么（讲话稿）

Why：讲话的主要目的

How to：怎么讲（要不要带稿子、手持话筒还是桌面话筒、用不用PPT）

How much：希望达到什么效果

如果你觉得这已经考虑得很周全了，那你就错了。就针对"讲话稿"这一个点，我们可以再次用立体思维模型对该点进行拆解。

Who：谁为领导写稿子，谁来做PPT，谁负责现场PPT放映

When：什么时间完成初稿

Where：交给领导审核时用电子版还是打印稿，会议现场稿子放哪里

What：核心内容谁来定？主格调是什么

Why：保证内容让领导满意，保证现场效果

How to：如何保证字数和质量？如何保证PPT与领导讲话内容同步

How much：文字和PPT在会议前24小时必须定稿，专人负责带到会议现场

是不是又感觉"原来还有这么多的细节需要处理啊！"其实，其中的每一个细节仍然可以继续用立体思维模型拆解开来进行安排和落实。比如，我们假定领导不需要PPT，只需要按事先写好的讲话稿在舞台侧面讲台的位置讲话即可。那我们再次用立体思维模式对这一个细节进行拆解。

Who：谁负责提醒领导上台时间，谁负责把讲稿放到讲台

When：什么时间提醒，什么时候放稿子

Where：是在领导上台时递到手里，还是提前放到讲台上

What：讲话稿装订与否？装订到哪一侧？打印时字体大小多少？纸张大小如何？

Why：为了方便翻页，方便领导看清

How to：与领导确认相关细节、跟会务组对接

How much：营造一种领导脱稿演讲的状态

其实，如果有必要，可以无限制地用立体思维模型继续拆解下去。不过，应该拆解到哪一步主要看该环节的重要程度。对于绝对不能出错的环节，就要继续深入拆解；对于允许少量出错的环节，就简单拆解；对于无关紧要的环节，无须拆解。

五、立体型思维在历史学习中的应用

历史学科中有很多的历史事件，其中涉及立体思维的不同维度。现在我们以钱雷老师经常讲的"玄武门之变"为例，为大家示范如何在历史事件的学习中应用立体思维。

先用七何分析法将"玄武门之变"拆解开来。

Who：李世民、李渊、李建成

When：公元626年7月2日

Where：玄武门

What：李世民发动政变、夺取皇位

Why：李世民不是长子没有继承权、兄长妒忌和排挤自己

How to：先用计将李建成杀死，后逼李渊退位

How much：成功夺取皇位

对于此历史事件，需要掌握的内容有：

基本信息：人物、时间、地点（who、when、where）

事件内容：李世民发动政变夺取皇位

事件原因：李世民表现优秀，得到赏识。但李世民不是长子，没有权利继承皇位。又加李世民受到兄长的妒忌和排挤，为了保住自己，也为了能够实现登上皇位的野心，他只能用不正常的途径。

事件经过：李世民先用计将兄长骗到玄武门，并在此发动政变将兄长杀死，再软硬兼施，强迫自己的父亲让位给自己。

事件结果：李世民成功登上皇位，且最终成为中国历史上的一位好皇帝。

因为李世民杀死了自己的兄长，此为"不仁不义"；逼自己的父亲退位，此

为"不忠不孝"。李世民为了洗刷自己"不忠不孝、不仁不义"之举，在全国范围内大力推崇佛教，为佛教的发展起到了很大的推动作用。

如果大家能够通过思维导图的立体思维分析法掌握上述内容，我想对该历史事件的认识就非常全面了。

该方法同样适用于对经典文学作品的分析，可以通过立体思维模型分析故事的七个维度，更好地梳理作品的脉络，对掌握作品的精华有很大的帮助作用。

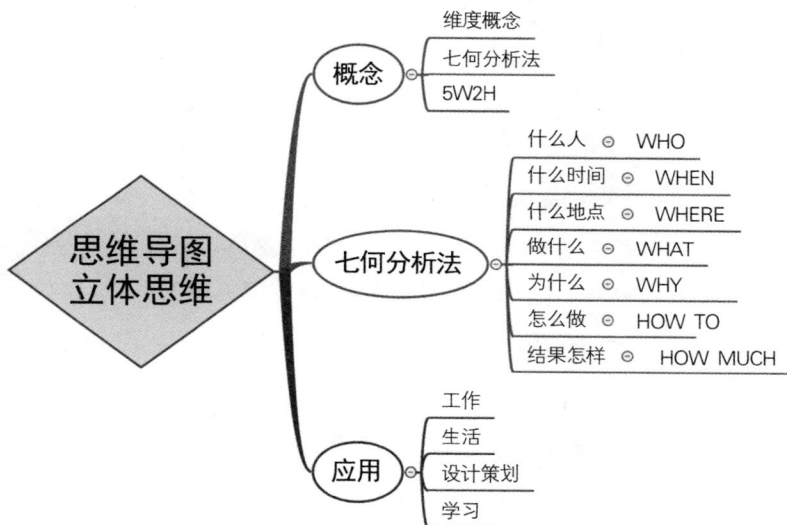

作业

请大家查阅资料，尝试用立体思维分析"五四运动"这一历史事件，并画出思维导图。

第六节　思维导图的绘制

为什么把这一节放到最后来讲？就是想再次强调，这些画图的规则不重要。千万不要把学习和训练的重点放在如何画得赏心悦目上。

那为什么还要讲？因为有时候，在通过思维导图给别人分享一些知识、理念、计划的时候，不能让自己展示出来的思维导图太难看。

一、思维导图绘制的基本原则

手工绘制思维导图时，以**结构清晰、布局合理、风格自然**为基本原则。具体可以参照以下几条：

第一，要有一个清晰的中心标题。

中心标题一定要醒目，中心标题的字号要略大于其他分支及正文文字。中心标题最好能做一些美化，或者增加简单的配图。配图的选择一定要与中心标题的内容相关，或者用简易的美化线条来进行装饰处理。

第二，要有向四周发散的分支。

虽然没有严格地规定要求思维导图的分支必须向四周发散，但是从美学的角度和大众习惯来看，向四周发散更容易实现布局上的自然美观。

有人喜欢思维导图的分支统一向右或统一向下发散，也有人喜欢把思维导图设计成一棵向上生长的树。具体风格可以根据自己的审美和布局来定。

对于主分支后面的子分支，一般是按与主分支相同或者相似的方向去延伸。如果空间受限时，可以适当自然地向空白区域延伸。

第三，分支线要有粗细之分，线条尽量用柔和的曲线。

在画思维导图的草稿时，可以只用简单的单线条。对于准备拿出来给别人展示的思维导图，线条尽量有粗细（主次）之分。主分支的线条最粗，越往后线条越细。且线条本身越靠近根部越粗，越靠近末端越细。

第四，可以使用不同的颜色来标示线条。

如果有条件，可以使用彩笔把线条标示为不同的颜色。在标示颜色时，注意每一个分支只能使用一种单独的颜色。即主分支使用什么颜色，其下的各级子分支均要使用与主分支完全相同的颜色。

不同的分支可以选择不同的颜色。如果分支特别多，建议相邻的分支使用不同色系的颜色。比如，在各个分支中分别用到了"红、黄、粉、绿、蓝、紫、橙"等颜色，在给分支分配颜色时，红色和粉色属于相近色，蓝色和绿色属于相近色，橙色和黄色属于相近色，这些相近色尽可能用到不相邻的分支上。这样做是为了避免子分支靠得过近时，产生混淆。

另外，在文字颜色的选择上，我个人更倾向于使用统一的颜色。中心标题的主分支上的大字可以使用彩色的文字，子分支上的文字统一使用黑色、深蓝色、深灰色为宜。因为过多彩色的文字在阅读时会让眼睛产生混乱和疲倦感。

第五，文字要简洁，字头方向尽量保持向上。

前文说过，思维导图上使用的文字一定是关键字。如果把大段的文字、长句抄到分支线上，这不叫思维导图。

至于关键字的提取，以能帮助个人理解为原则，不存在对与错、合理与不合理。只要自己拿着思维导图给别人分享时，能够讲明白关键字的含义就好。

分支线上的文字，尽可能保持字头向上或者基本向上。要避免字头大角度向左、向右甚至向下倾斜的情况。

第六，在分支线上可以适当地配图。

所谓适当地配图，一是指配图的大小要适当，二是指配图的数量要适当。

无论是主分支还是子分支，如果需要配图（或者直接用图片，不用文字），一定要保证图片的大小与其他同级分支上的文字大小相当，不要因为配图过大而冲淡了主题。

分支线上的配图一定要简洁，一般用最简单的符号、物品简图来代表即可，不建议在分支线上绘制特别复杂的场景图。

第七，可以在分支线上标示序号。

有些人认为思维导图的第一个分支必须画在一点钟方向，然后必须按顺时针方向依次排列。其实没有这样的硬性要求，这只是一种大众习惯。

如何排序完全可以按照自己的习惯来。比如：

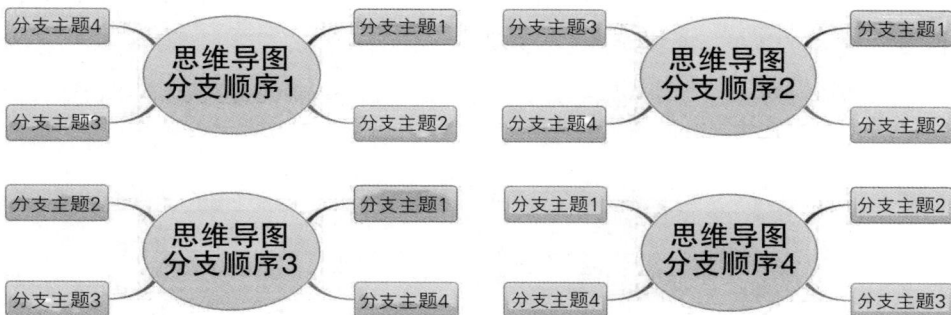

思维导图主分支上是否标示序号，完全是个人的习惯。如果内容对顺序要求非常严格，就标示序号。如果要求不严格，可以根据布局和美观的实际情况决定。

二、思维导图绘制时容易犯的错误

这里所说的错误，并不是绝对的错误，而是应尽可能避免的一些情况。既然要做出完美的思维导图作品，就应尽可能避开这些错误的做法。有些错误就像是大冬天非要穿着短裤背心在外面逛大街，既不违规，也不缺德，只是让人觉得不舒服。

注意事项一：尽量不要在分支线上使用框线，以免冲淡主题。

有些人，包括有些思维导图软件会在主分支的文字上使用方框或者椭圆形的框。这种做法有时候会使中心标题的突出作用降低。特别是手绘的情况下，如果横线的长短不得当，容易让中心标题淹没在众多的横线中。在二级及以下分支中，更不建议使用框线。

注意事项二：分支线上的文字应该写到分支线的上面。

很多初学者在绘制思维导图的时候，容易将文字写到分支线的末端。也有极少数的思维导图软件使用这种风格（如下图）。

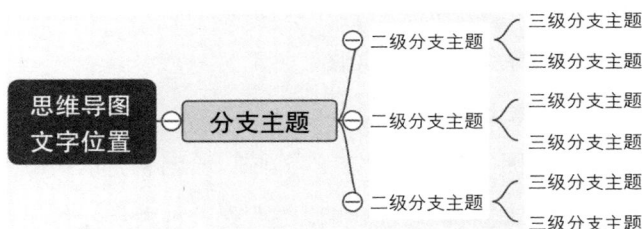

目前大众并不认可这样的设计。特别是手绘的彩色思维导图，这种风格的设计导致分支线的线条断断续续，既不美观，也不方便。

正确的做法是不管哪一级别的分支，文字均写到分支线的上方（如下图）。

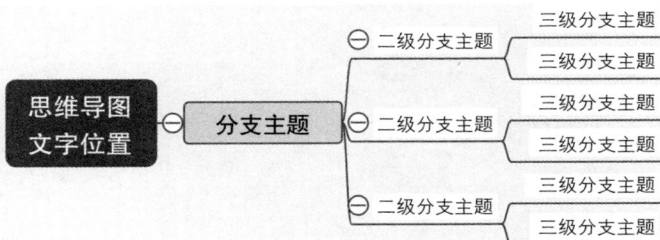

注意事项三：不要在同一张思维导图中使用不同的线条风格。

这是纯从美观的角度来讨论的。如果使用电脑绘图，不会出现这种问题。但是手工绘图的时候，总有些人会突发奇想，做出一些另类的创新。建议大家保持统一的风格，让整张图看上去更和谐一些。

注意事项四：分支线尽量不要垂直设计。

分支线根部可以朝向任何方向，但是中部和后部（末端）应该尽可能保持接近水平的方向，这样才能保证在上面书写文字时能够字头向上或者基本向上。

如果线条接近垂直，在上面写的文字的字头就只能向左或者向右，还有一种就是文字竖排。这对整张图的布局会有很大的影响，也不方便阅读（如下图）。

注意事项五：分支过多或者过少。

一般情况下，最适合大脑整理信息，也是看上去整体感觉最美观的主分支数量是4~6个。

这并不是说思维导图的主分支数量不能低于4个或者不能超过6个，只是我们在设计思维导图的时候要尽可能做到在这个范围之内。

这样画出来的布局会更美观、清晰、舒适。

如果因为内容原因导致确实需要更多的分支或者更小的分支时，建议通过前文所讲的"归纳型思维"对内容进行重新归纳整理，该合并的合并，该拆分的拆分，尽可能满足主分支为4~6个的最优范围（如下图）。

思维导图分支太多

子主题1 子主题2 分支主题12 ｜ 分支主题1 子主题1 子主题2
子主题1 子主题2 分支主题11 ｜ 分支主题2 子主题1 子主题2
子主题1 子主题2 分支主题10 ｜ 分支主题3 子主题1 子主题2
子主题1 子主题2 分支主题9 ｜ 分支主题4 子主题1 子主题2
子主题1 子主题2 分支主题8 ｜ 分支主题5 子主题1 子主题2
子主题1 子主题2 分支主题7 ｜ 分支主题6 子主题1 子主题2

思维导图分支太少

分支主题1（子主题1～子主题8），分支主题2（子主题1～子主题8）

思维导图分支均衡

分支主题1、分支主题2、分支主题3、分支主题4（各含子主题1、子主题2、子主题3）

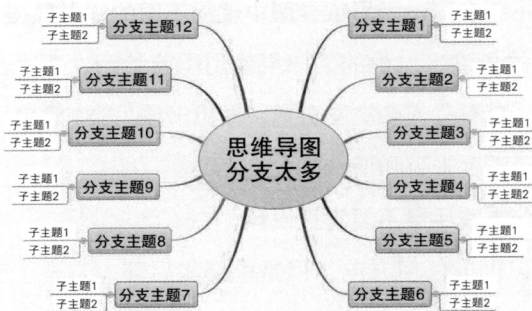

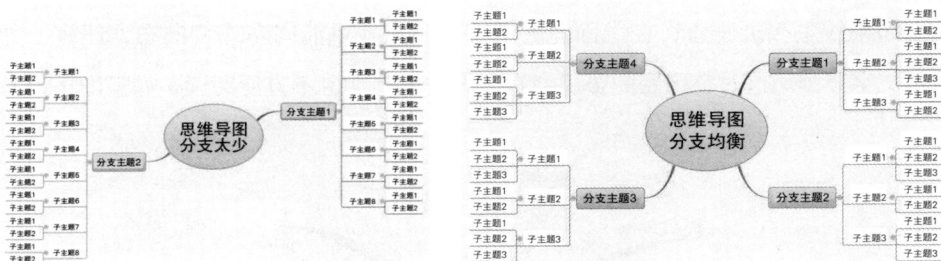

三、实用性和艺术性的辩证关系

思维导图究竟应该是重实用还是重美观，其两者之间的度应该如何把握？想解决这个问题，首先要考虑使用思维导图的目的。

如果是以商业展示为目的的思维导图，肯定要把美观放到相对重要的位置。比如，在做商业汇报、产品展示，包括演讲、比赛等场合，需要通过思维导图给大家讲解相关内容，这时候要把思维导图的美观放到首位。

如果自己展示出来的思维导图非常难看，一点美感也没有，不如直接用表格、目录、结构图或者其他的形式来展示。千万不要强行把思维导图加进去，因为一张毫无美感的思维导图会毁了整场演讲（展示）。

如果仅用于自己构思、策划、设计，或者用于平时的会议笔记、学习笔记、知识预习与复习、读书心得、工作复盘等，只是方便自己整理思路，并没有必要拿出来给众人展示，要把思维导图的逻辑清晰放在首位。很多情况下，问题有了答案，思维导图的使命就完成了。所以没有必要花太多的时间在思维导图的美化上。

当然，对于那些自己非常喜欢、值得自己珍藏的内容，可以两者兼顾。比如，自己非常喜欢的一本书，在做读书笔记的时候，完全可以把思维导图画得既逻辑清晰，又美观大方。这样后期自己再拿出来欣赏和回忆的时候，既能很好地回忆起这本书的精彩内容，又有种赏心悦目的心理感受。

四、电脑绘图的优点

近几年，思维导图制作软件越来越多。不仅可以在台式机、笔记本上面制作思维导图，也可以在智能手机上绘制思维导图。这对习惯用思维导图的人提供了极大的方便。

用电脑（手机）制作思维导图有着手绘图所不具备的优点。

优点一：方便保存。

智能手机平台的思维导图软件普及后，因为手机可随身携带，所以可以随时拿出手机把自己的一些想法和灵感通过思维导图软件记录下来。

另外，软件制作的导图可以方便地保存到手机或者电脑的存储空间中，随时可以调出来使用。不仅可以随身携带成千上万张思维导图，还可以节约大量的纸张。

优点二：方便修改。

通过纸张画图的时候，难免要对一些内容进行修改。如果还要兼顾美观，那最好的办法就是先画一张草图，再按草图重画一张正规图。这不仅浪费了大量的时间，也会消耗更多的纸张和笔墨。

用软件作图就不存在这个问题，这就如同用 Word、WPS 写文章一样可以随时修改。特别是当需要对大的分支结构、逻辑关系做修改时，手工修改的工作量就太大了，而软件作图就变得非常简单。

优点三：方便重组。

重组并不是上一条所说的对思维导图的分支规划、逻辑结构做一些调整。当然这也算是重组的一部分，但重组更多的是当有了很多张思维导图以后，对多张思维导图进行重组。

我们在工作、生活中难免会遇上一些这样的问题：这个问题是个全新的问题，需要重新来设计和规划如何解决，但这个问题的部分内容已经有了现成的解决方案。

这种情况下，我们就可以把已经有现成方案的思维导图打开，直接复制补充到新问题的合适的分支位置。这样可以省掉很多重复性工作，提高效率。

优点四：方便转化。

转化是指将思维导图转化成其他形式。比如，前文所说的，有人喜欢思维导图从上向下发散（结构图），有人习惯自下向上发散（树状图），还有人喜欢沿着一条主线向两边发散（鱼骨图）。

这些不同风格的图示，都是思维导图的变形，其核心的思维都是"逻辑框架"，只是展示的形式不同。目前大部分的思维导图制作软件都提供转化功能，可以直接把思维导图转化成其他的形式。

另外，在同一种类型的图中，很多软件还提供了不同的布局风格，可以自由地选择线条风格、配色风格、文字风格等相关内容。

还有一项非常实用的功能。思维导图软件均提供格式转化功能，即可以直接将思维导图转化成通用格式。（不同的思维导图软件使用的文件格式不同，相互之间不能通用。）

比如，通用图片格式JPEG格式、BMP格式、PNG格式，通用文本格式TXT格式、DOCX格式、PDF格式，以及一些可以支持交互的网页文件格式等。

优点五：方便分享。

这个非常好理解。因为存储的是电子文档，非常方便通过网络分享给其他人使用。另外，现在的思维导图软件也越来越兼顾通用性。已经有部分思维导图软件能够转化和识别其他思维导图软件制作的文件。这一功能的实现，为不同的思维导图软件爱好者提供了沟通的桥梁。

（注：在上一条的转换功能中，转换完成后的文件不再是思维导图文件格式。转换成图片文件、文本文件、网页文件后均无法再通过思维导图软件进行编辑和修改。）

优点六：自动美化。

所有思维导图软件都有自动美化的功能。即在设计分支的时候，都可以自动对分支的布局进行规划，自动调整分支线条的粗细、颜色，自动调整分支之间的距离，自动调整不同级别分支上文字的大小等。

思维导图软件的美化功能还不止这些，大部分的软件还可以自由地选择线条的风格、布局的风格。好的软件甚至连线条根部风格、末端风格等都可设置。

总之，在用软件作图的过程中，作图者完全可以不用考虑如何来美化思维导图，只需要把精力放在"思维"的层面，能腾出更多的脑力去思考如何把逻辑结构和内容组织得更清晰、更全面。

优点七：自由配图。

思维导图软件大都有配图功能。它们会提供一个非常丰富的素材库，库中除了有各种风格的线条、边框之外，还有大量的人物、物品、标志等素材。比如，有办公类物品素材、交通标志素材、各种符号素材、各式人物素材、各类动物素材等。

这些素材非常方便作图者在给文字配图时直接调用。

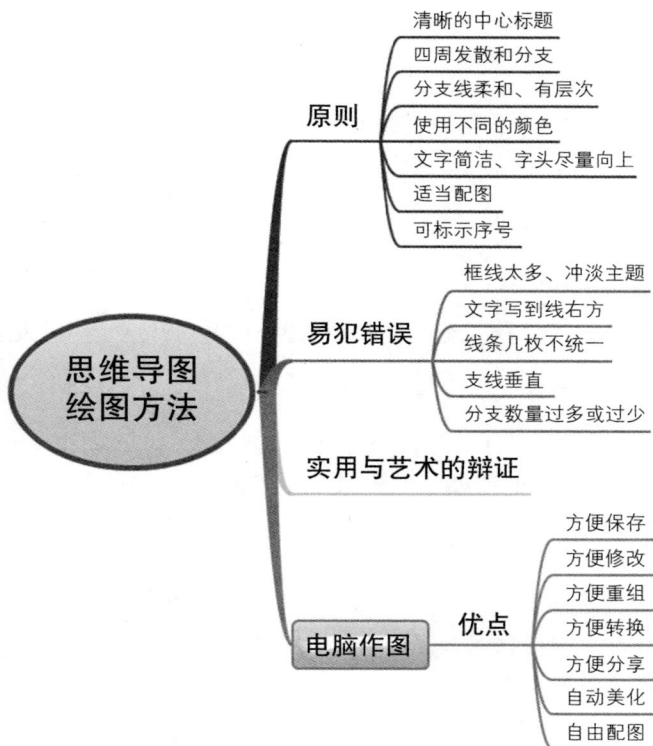

虽然通过软件来绘制思维导图非常方便，但是它也有缺点。比如，目前还没

有一款思维导图软件能够做出接近手绘的自由风格，没有一款软件能够在配图上做到文字和图片的自由交融，也没有一款思维导图软件在线条的延伸方面能做到像手绘那样自由向任何方向延伸又不失自然的感觉。

但是不可否认的是，思维导图制作软件对提高思维导图的制作效率，以及方便对思维导图后期的使用方面，均有不可替代的优势。

作业

请分别用手绘和软件作图两种模式，来绘制"记忆宫殿技术"的核心内容。

第七节　思维导图的应用

一、日常应用

思维导图可以用在日常生活、学习和工作的方方面面。

1. 在学习方面

在日常学习的过程中，可以在预习完成后画一张思维导图来梳理自己预习的结果。在复习过程中也可以通过思维导图来整理学过的内容。另外，在遇到一些非常难的、没有头绪的问题时，还可以用思维导图来帮助整理思路解题。

在对课程笔记的整理、学科重点的梳理方面，思维导图可以帮助我们更加清晰地把知识点标示出来，并形成非常明确的逻辑关系。在这里提醒大家，**一定要自己去整理并形成思维导图，**而不是直接拿别人整理好的思维导图来用。自己整理的是大脑中的知识，别人的东西是画在纸上的内容。

在帮助记忆方面，思维导图的作用也非常明显。思维导图上的文字是关键字，而在记忆过程中记住关键字就等于记住了80%的内容。另外，由于思维导图是自己理解后整理出来的结果，所以画思维导图的过程等同于理解记忆的过程。如果再配合前几章的记忆宫殿技术，记忆的效率将成倍提高。

2. 在日常工作方面

在日常工作中，对于每周、每天的工作计划、安排、任务完成情况等都可以画一张简单的思维导图。特别是对于一些需要涉及多部门、多人协作、多个环节相互影响的工作任务，更适合用思维导图来标示各个节点之间的关系，以保证每个环节的执行过程都能在思维导图上找到任务内容、具体要求等。

对于一些复杂的流程、操作规程等，也可以用思维导图来标示。比如，在工作中的各类应急方案、各种复杂流程的规范操作、各类涉及众多条款的规章制度等。又如，各类设备的手册类、说明类文件，如设备操作手册、故障检查流程、设备维修与保养流程等。

3. 在日常生活方面

对于日常生活中的一些杂事，也可以通过思维导图来处理。比如，利用思维导图来做家庭开支预算，做出行计划，做家庭装修规划等，也可用于孩子的成长记录、家庭教育的总结与分析、家庭重大事件的规划等。如果您喜欢烹饪、手工等，还可以用思维导图总结和记录一些美食、美物的制作流程。

在思维导图学习初期，还可以用思维导图记日记，把每天的经历、心得、收获、感想等通过思维导图记录下来。

4. 在阅读理解方面

思维导图在阅读理解方面，除了可以用它做读书笔记外，思维导图阅读法也是一种非常好用的快速阅读方法。

特别是对于一本书的阅读，想提高阅读的速度，更需要思维导图的思维模式。在阅读前先试图找到作者的基本分类概念（BOI），然后按照从目录开始向章节逐步发散的模式去阅读一本书。此方法对提高阅读效率，更好地掌握一本书的知识精髓有着很大的帮助（具体方法请大家参考有关快速阅读的相关书籍）。

5. 在写作方面

在写作方面，思维导图也有着非常明显的优势。特别是对于比较难的考试作文、学科论文、毕业论文等，越是长的、复杂的、要求条理清晰的文章，越能体现出思维导图在写作方面的优越性。

用思维导图帮助写作时，先用思维导图构思整理出内容的框架。如果是一篇几千字的短文，可以将文章的目录整理出三级：一级目录、二级目录以及二级目录下的关键字。如果是几万字或更长的文章，建议将目录细化到第三级目录及其三级目录下的关键字。

用思维导图的思路写作，更大的好处是可以打破写作的顺序，自由地进行创作。该做法大大提高了写作效率，完美地避免了写作时卡在某个环节写不下去的情况。

6. 在演讲展示方面

在演讲展示方面，思维导图除了可以帮我们更好地设计演讲稿，还可以帮我们更好地规划演讲过程中的一些稿件之外的设计。如音乐的配合、PPT的配合、需要现场其他人员做的其他配合等。

另外，在演讲过程中，如果对内容不是很熟悉，可将演讲核心关键词用思维导图画到一张很小的卡片上，在演讲者的演示过程中起到提示的作用。

对于演讲中涉及的一些内容，如果能用漂亮的思维导图展示在PPT上，也会让观众觉得既条理清晰又美观大方。

7. 在策划创新方面

在前文有关立体思维的例子中已经详细讲述了如何用立体思维来策划一次年会。思维导图除了能帮助策划此类大型活动外，还可以用来帮助创新。比如，产品功能的创新、包装设计的创新、营销方案的创新、管理制度的创新等。

在创新的过程中，可以很好地利用思维导图找到更多的可利用思路，对很多在大脑中一闪而过的零散想法、创意、小点子等进行整理、归纳、总结，直到形成一个系统的、有实用价值的、可落地操作的实施方案。

二、用思维导图提高效率

思维导图是一个非常好用的帮助大脑思考的工具，但是并非所有的工作都需要思维导图。只是当问题足够复杂时，思维导图才是我们首选的工具。

当我们在日常的学习、工作、生活中习惯了使用思维导图后，最大的差别是做事效率的提高。在前文所述的思维导图应用中，所有的工作即使没有思维导图的帮助，仍然可以正常地进行，只是可能需要更多的人、更多的环节、更长的时间，特别是在推进过程中可能会出现各种没有预料到的情况，临时去解决这些问题将影响整个计划有序地进行。

而思维导图的应用会让事件的策划、推进、执行等各个环节都进行得更有序、更有章法。

三、思维导图的三重境界

虽然我们用一整章的内容来和大家讨论思维导图的概念、用法、好处等，但我还是很遗憾地告诉大家：思维导图的创作，其实是一个非常痛苦的过程。

为什么说是非常"痛苦"的过程呢？因为你在绘制思维导图的过程中，不但一点也体会不到思维导图为你的工作、学习带来的好处，相反还要多花一些时间来画一张不知道有什么用的图。

我很负责任地告诉大家，这是正常的现象，这与初学用记忆法背诵古汉语的感觉是一样的。学习任何技能都有一个从**陌生**到**熟悉**再到**习惯**最后到**内化**的一个过程。

我们可以把这个过程分解成三个阶段。

第一个阶段：手中有图，脑中无图。

在这个阶段，我们虽然也很努力、很认真地绘制了思维导图，但是在大脑中对问题的思维和逻辑关系的整理不足，并没有感受到思维导图带来的帮助，也不会带来自己思维模式的彻底转变。这是初学者很正常的一个阶段，是每个学习思维导图的人都会经历的一个阶段。

在这个阶段，不要怀疑自己是不是没学会，也不要怀疑思维导图的理论是不是真的。坚持按照我们讲的一些思维模式和规划去继续使用思维导图，用着、用着，感觉慢慢就找到了。

第二个阶段：手中有图，脑中有图。

经过一段时间的运用，我们开始慢慢地习惯思维导图的各种思维模式。遇到问题的时候，开始习惯于用思维导图把问题展开、拆解、发散、归纳，并逐渐形成一张思维导图的模型。

在这个阶段，我们对问题的思考开始依赖于思维导图，开始习惯于边思考、边作图，开始在画图的过程中不断地找到新的灵感和思路、方法。这时候，你的思维导图已经入门了。

第三个阶段：手中无图，脑中有图。

到了这个阶段，其实你已经很少画图了，除非涉及节点特别多、特别复杂的问题。因为到了这个阶段，我们的思维模式已经发生了根本性的变化。在思考任何问题时候，我们的大脑不再是像之前那样单纯地、单一地去思考，而是习惯性地在大脑中把问题发散开来，在大脑中整理和总结问题的各个节点，而不再需要通过"画图"这个过程来完成。

到了这个境界，对解决问题而言，我们的大脑较学习思维导图之前给出的方案会更加全面、条理清晰、完美。

恭喜你，这时候你堪称"思维导图大师"了！

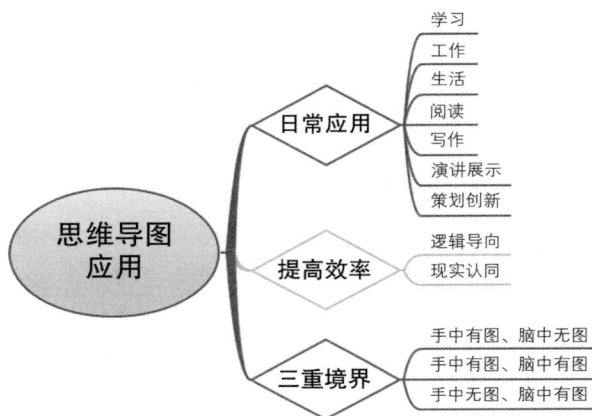

是结束，也是开始

我终于写完了，你也终于读完了。如释重负，又遗憾满身。

每次在起笔一本书的时候，总想着把更多的内容讲给大家听，总想把每个知识都讲得再详细一些。但有时候写着、写着就会有种越努力、越无力的感觉。

很多的知识点之间是相互关联的。如果单独阅读其中的某个知识点，难免会有些东一榔头、西一棒槌的感觉。只有全面、系统地讲完整个知识体系，才能在大脑中对整个记忆宫殿的理论体系逐渐清晰化。

所以，亲爱的读者，不管你是随意翻过还是认真阅读了本书，你尽管可以批评我的肤浅，嘲讽我的愚钝，但希望你能怀着对知识的敬畏之心来学习先辈们总结出来的这一套知识体系。由于我知识水平有限，文采也不出众，这本书读起来也许是索然无味的。但我还是努力把记忆宫殿知识体系的全貌尽可能完整地展现给你了，想让大家更全面地了解真实的记忆宫殿。

记忆宫殿不是一个公式，更不是一本手册，它是一种技能，所以我们要的不是纸上谈兵，而是能够将其转化为可量化的实战能力。而唯一可行的一条路是"训练"。只有反复地训练，才能把知识变成能力。

还记得当初你刚刚翻开这本书时的初衷吗？还记得你在本书开篇的位置写下的目标和宣言吗？你是想通过此书的学习应对考试、辅助工作，还是想成为记忆大师？现在帮你圆此梦想的方法已经如数展示给你了。但请你记住我的忠告：读完此书不是结束，只是开始。

希望今天是你开启全面训练的第一天，在今后的训练之路上，你还会遇上很多、很多的问题，方法上的、技巧上的、心态上的。你还有很多的坎儿要过，还有很多的沟要跨，还有很多的山要爬。我希望你能坚持下去，我也会一直陪伴大家，和大家一起向前，再向前，永不放弃。我相信不久的将来，你也会成为国内甚至世界有名的记忆大师。

"人外有人，天外有天"，对知识的追求永无止境。如果你在阅读过程中发现书中有错误或不当之处，请您与我联系（297094257@qq.com），我将虚心接受并认真改正。

最后感谢你选择了我的这本拙作，也感谢在此书创作和出版过程中陪伴及帮助过我的亲人、朋友。感谢恩师林约韩老师及他的记忆宫殿团队对我的栽培，让我学会了这套终身受用的方法。感谢"百日十万字"挑战营的伙伴们对我的信任和陪伴，让我只用了两三个月的业余时间就完成了书稿。感谢家人对我写书的支持，让我每天能够安心创作。更感谢本书编辑郝珊珊女士对我的信任，让此书有机会与大家见面。

我会继续努力，写出更多更好的作品，以谢天下。

2022.02.22 于东营